高等教育规划教材　　　卓越　工程师教育培养计划系列教材

张立军 ◎ 主编

化工制图

化学工业出版社

·北京·

《化工制图》将手工制图和计算机制图有机结合于一体，在每部分制图的关键点引入 AutoCAD 绘图方法和技巧，并将机械制图基础编入化工设备制图基础中，以突出化工制图的特点。主要内容包括：化工制图基本规定、化工设备制图基础（包括制图基本知识、视图的类型及标注）、化工设备零部件图、化工设备装配图、化工工艺流程图、设备布置图、管道布置图。在编写过程中采用了最新技术制图、机械制图等相关国家标准和行业标准，内容精练、通俗易懂、图文并茂。

《化工制图》适用于本、专科各类院校化工与制药相关专业的化工制图课程及工程制图课程的教学，也可为相关工程技术人员提供参考。

图书在版编目（CIP）数据

化工制图/张立军主编. —北京：化学工业出版社，2016.8（2023.1重印）
卓越工程师教育培养计划系列教材　高等教育规划教材
ISBN 978-7-122-27457-1

Ⅰ.①化…　Ⅱ.①张…　Ⅲ.①化工机械-机械制图-高等学校-教材　Ⅳ.①TQ050.2

中国版本图书馆 CIP 数据核字（2016）第 145188 号

责任编辑：杜进祥　　　　　　　　　　　　文字编辑：丁建华
责任校对：王　静　　　　　　　　　　　　装帧设计：关　飞

出版发行：化学工业出版社（北京市东城区青年湖南街 13 号　邮政编码 100011）
印　　装：北京虎彩文化传播有限公司
787mm×1092mm　1/16　印张 12½　字数 320 千字　2023 年 1 月北京第 1 版第 5 次印刷

购书咨询：010-64518888　　　　　　　　售后服务：010-64518899
网　　址：http://www.cip.com.cn
凡购买本书，如有缺损质量问题，本社销售中心负责调换。

定　　价：29.00 元　　　　　　　　　　　　　　版权所有　违者必究

前言

本教材应"卓越工程师教育培养计划"的需求，依据最新国家标准（截至 2016 年）编写而成，适用于本、专科各类院校化工与制药类及相关专业的化工制图课程及工程制图课程的教学，也可为相关工程技术人员提供参考。

本教材侧重化学工程绘图、识图能力的培养，特别是突出化学工程制图的特点，尽量减少不必要的机械制图理论，力求言简意赅、通俗易懂、图表并用、清晰直观。在编写过程中结合多年来本科教学实践经验，按照行业和教育部关于工程类专业培养的最新要求，针对化工与制药类专业的培养方向，编排了各个知识环节，使之难易适中、循序渐进，融入部分国际标准，注重知识的典型性、启发性、实用性和先进性。

依据化学工程的特点和本课程大纲的要求，化学工程制图分为化工设备图和化工工艺图两大类，前者包括化工设备零部件图和装配图，后者主要包括工艺流程图、车间布置图、管道布置图等重要的工艺类制图。在教学安排上，两者应该并重进行，不可以将化工制图课程简化为机械制图课。另外，计算机制图已经成为必要的设计手段，为此，本教材在各部分有机地融入了 AutoCAD 制图基础（仿宋字体部分），使学生掌握手工制图的同时，学会利用计算机软件制图。

本教材主要内容包括：一、化工制图基本规定　主要讲解工程制图的工具、国家标准；二、化工设备制图基础　先叙述化工设备及其涉及零部件的结构特点，给学生一个感性的认识，然后，从视图的表达方法开始，将机械制图的基本知识融入其中，并加入了 AutoCAD 绘图技巧；三、化工设备零部件图　主要涉及零部件的表达方法、绘制过程、技术要求和属性标注方法；四、化工设备装配图　主要讲述化工设备的结构特点和绘制方法；五、在最后三章主要讲述化工工艺类图纸的绘制原则和方法，包括化工工艺流程图、设备布置图和管道布置图。教材每章结尾列出了一些习题，供学生练习使用。

李恒、张翔、陈宝龙、游震生、冯甜参加了本书部分内容特别是图表的编写工作，北京理工大学李加荣教授和陈甫雪教授、天津大学魏强教授在百忙之中对本书提出了宝贵的建议，在此致以衷心的感谢。

由于编者水平有限，书中难免存在某些疏漏和不足之处，敬请读者批评指正。

张立军
2016 年 5 月

目　录

绪　　论

一、化工制图课程简介

制图是工程技术人员表达设计思想、进行工程技术交流及指导生产等必备的技能，通过制图获得的工程图样被称为工程界的"技术语言"，无论是设计人员还是制造人员，都必须懂得工程图样。在本科教学中，已经将工程制图作为公共基础课引入教学体系，旨在提高学生的工程设计能力，但工程制图课程教学侧重于制图学基础，远远不能满足化工专业设计的要求。在化工制图中，工程技术人员往往面对的是具有化工生产特点和较大宏观尺寸的化工设备、厂房建筑物和生产线，在制图表达上受一系列制图标准和规范的约束，和机械制图具有较明显的区别，因此，化工类专业人员必须学好化工制图课程。

化工制图研究利用正投影的图样表达方式，将化工设备、化工工艺过程按照国家标准、行业标准的要求进行图示、描绘，用于化工设备、化工生产线的设计、建造、运行及维护。

二、本课程学习的基本要求

本课程的目的是培养学生对化工设备和生产工艺的制图及读图能力，使其掌握化工设备、化工工艺的表达方式和特点，培养绘制和阅读化工设备、化工工艺图样的能力，培养和发展空间想象力和空间思维能力，培养严肃认真的工作态度、耐心细致的工作作风和科学的工作方法。

（一）教学方法

本课程以学生的学习为中心，采取教、学、做三位一体相结合的模式，即：课堂讲授—现场演练—课后作业。

（二）学习方法

① 练——亲自动手练习绘图的技能和技巧，提高空间分析能力和空间想象能力；
② 勤——勤于预习，勤于动脑，勤于复习，勤于演练；
③ 严——严于标准，严格要求，不断提高学习质量；
④ 细——细致、认真地完成每次作业或练习，要精益求精、一丝不苟。

（三）注意事项

① 化工制图必须依据国家标准（GB）、行业标准，大到图样整体，小到每一条线段、每一个符号，都不能妄自为之。

② 制图学科实践性很强，只有通过不断地动手练习，才能加深理解，学会并掌握绘图、读图基本技能。

第一章

化工制图基本规定

第一节　绘图工具及其使用

化工制图分为手工制图和计算机制图两类，前者存在设计性强、灵活性大、表达思想直接等特点，后者存续性强、表达的形状规则、尺寸标准、处理速度快，功能越来越强大的绘图软件提高了图纸的质量和制图效率。从业人员应该依据任务要求、特点和便捷程度，正确地使用绘图工具和仪器。

一、手工绘图

以下是几种常用的绘图工具和仪器及其使用方法，初学者必须学会使用。

① 图板。如图 1-1 所示，用来固定图纸，一般用胶合板制作，四周镶硬质木条。图板的规格尺寸有：0 号（900mm×1200mm）；1 号（600mm×900mm）；2 号（450mm×600mm）。

② 丁字尺。又称 T 形尺，为一端有横档的"丁"字形直尺，是画水平线和配合三角板作图的工具，多用木料或塑料制成，一般有 600mm、900mm、1200mm 三种规格。

③ 绘图三角板。一般由 45°和 30°（60°）两块组成，与丁字尺配合，可以画垂直线、从 0°开始间隔 15°的倾斜线及其平行线。

④ 圆规。是绘图仪器中的主要物件，用来画圆及圆弧。一般有大圆规、弹簧圆规和点圆规等三种。使用时，应先调整针脚，使针尖略长于铅芯，且插针和铅芯脚都与纸面大致保持垂直。另外还有分规、比例尺、曲线板、铅笔等作图工具（请初学者自行查找这些工具的使用方法）。

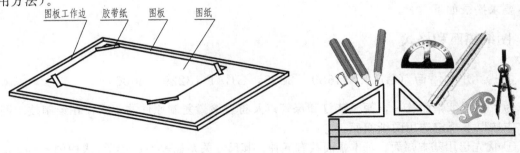

图板工作边　胶带纸　图板　图纸

图 1-1　图板及其他绘图工具

二、计算机绘图

　　计算机辅助设计（Computer Aided Design，CAD）为工程制图最常用技术，发展较快（见图1-2），从二维到三维，再到实体、同步建模，为设计者带来手工绘图无法比拟的效果。2008年，Siemens PLM Software推出的同步建模技术在交互式三维实体建模中是一个成熟的、突破性的飞跃，是三维CAD设计历史中的一个里程碑。新技术在参数化、基于历史记录建模的基础上前进了一大步，同时与先前技术共存。同步建模技术实时检查产品模型当前的几何条件，并且将它们与设计人员添加的参数和几何约束合并在一起，以便评估、构建新的几何模型并且编辑模型，无需重复全部历史记录。

　　自动计算机辅助设计软件（Auto Computer Aided Design，AutoCAD）出现于1982年，由Autodesk（欧特克）公司首次开发用于二维绘图、详细绘制、设计文档和基本三维设计，现已经成为国际上广为流行的绘图工具。AutoCAD具有良好的用户界面，可以通过交互菜单或命令行方式进行各种操作。具有简单易学、高效、高适应性等特点，可以在各种操作系统支持的微型计算机和工作站上运行，广泛用于土木建筑、装饰装潢、工业制图、工程制图、电子工业、服装加工等多方面领域。AutoCAD的版本几乎每年都在推陈出新，不断完善和丰富了计算机强大的制图功能。

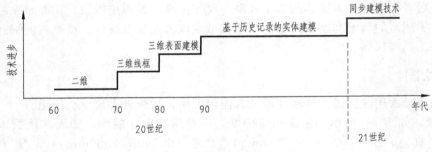

图1-2　CAD技术演变

第二节　化工制图国家标准

　　化工制图既涉及设备制图，也涉及工艺过程制图，辅助以计算机制图时，还要遵守CAD制图的有关规定，因此，涉及的文件标准较多，包括技术制图篇、机械制图篇、CAD制图篇、CAD文件管理篇这四类。本书结合几类标准的适用范围，侧重于计算机制图，将基本要求摘录如下。

一、图纸幅面和格式

（一）图纸幅面（GB/T 14689—2008，GB/T 18229—2000）

　　为了使图纸幅面统一，便于装订和保管以及符合缩微复制原件的要求，在绘制技术图样时，应按以下规定选用图纸幅面。

　　① 优先选用基本幅面。基本幅面共有五种，其尺寸关系如表1-1所示。表中的 c、e、a 代号代表图纸的页边距，也就是图框距离图纸边缘的距离，要结合幅面大小和图框格式选用。

表 1-1 绘图图纸的基本幅面　　　　　　　　　　　　　　　单位：mm

规格 幅面代号	A0	A1	A2	A3	A4
$B \times L$	841×1189	594×841	420×594	297×420	210×297
c	10			5	
e	20		10		
a	25				

② 必要时，允许选用加长幅面。但加长幅面的尺寸必须是由基本幅面的短边成整数倍增加后得出。如：A4 图纸加长 1 次就是 A3，A3 加长 1 次就是 A2，依此类推。

（二）图框格式（GB/T 14689—2008，GB/T 18229—2000）

无论采用哪种制图方法，都必须在图纸上用粗实线画出图框，其格式分为留装订边 [图 1-3 (a)、(b)] 和不留装订边 [图 1-3 (c)、(d)] 两种，但同一产品的图样只能采用一种格式，尺寸规定见表 1-1。

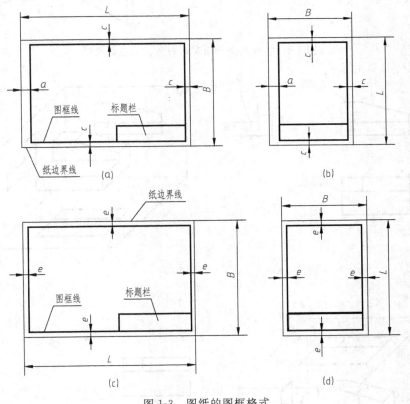

图 1-3　图纸的图框格式

（三）技术制图投影法（GB/T 14692—2008）

正投影法是平行投影法的一种（另外一种为斜投影法），是指投影线与投影面垂直时得到的形体投影。标准规定，技术图样应采用正投影法绘制，并优先采用第一角画法，必要时（如按合同规定等），允许使用第三角画法。新体制中两种画法的选用有先后主次之分，有十分明确的投影识别符号规定。

第一角投影（第一角画法/E法）：空间分为八个分角（图1-4），将物体置于第一分角内，并使其处于观察者与投影面之间而得到的多面正投影［图1-5（a）］。简称E法。采用国家有中国、俄罗斯、英国、法国、德国等。

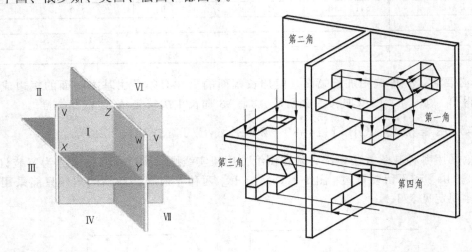

图1-4 空间八个分角和第一角、第三角投影

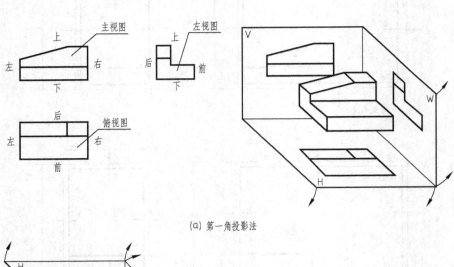

(a) 第一角投影法

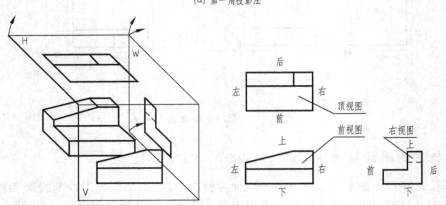

(b) 第三角投影法

图1-5

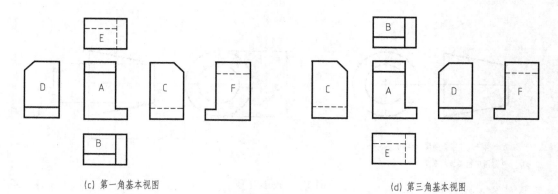

(c) 第一角基本视图　　　　　　　　　　　　　(d) 第三角基本视图

图 1-5　两种投影法视图间的关系

第三角投影（第三角画法/A 法）：将物体置于第三分角内，并使投影面处于观察者与物体之间而得到的多面正投影［见图 1-5（b）］。简称 A 法。采用国家有美国、日本、加拿大、澳大利亚等。

第一角、第三角画法基本视图配置见图 1-5（c）和图 1-5（d），包括：A——主视图、B——俯视图、C——左视图、D——右视图、E——仰视图、F——后视图，从配置图中可以看出：两种画法的主视图和后视图是一致的，仰视图、俯视图、左视图、右视图的位置互换。

（四）标题栏的方位及格式

每张图纸都必须画出标题栏，其格式和尺寸要符合 GB/T 10609.1—2008 的规定。此栏一般位于图纸的右下角，如图 1-6 所示，应使标题栏的底边与下图框线重合，使其右边与右图框线重合，标题栏中的文字方向通常为看图方向。

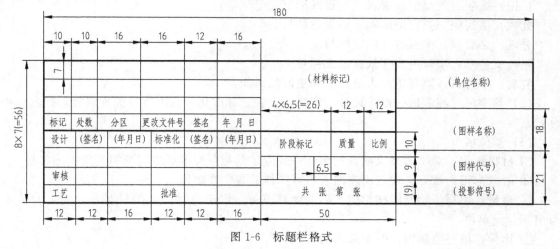

图 1-6　标题栏格式

标题栏填写要求：

1. 投影符号

新国标中在标题栏增加了投影符号项，用于说明制图的投影所在象限和方向，其格式见图 1-7。

2. 区域划分

标准栏一般由更改区、签字区、其他区、名称及代号区组成，见图 1-8。也可按实际需

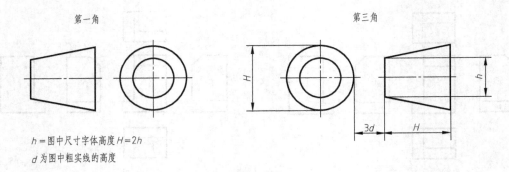

第一角　　　　　　　　　　　　第三角

h=图中尺寸字体高度　$H=2h$

d 为图中粗实线的高度

图 1-7　投影符号

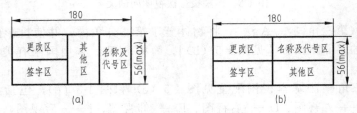

(a)　　　　　　　　　　　　　(b)

图 1-8　标准栏区域划分

要增加或减少。

3. 各区说明

（1）更改区　更改区中的内容应按由下而上的顺序填写，也可根据实际情况顺延；或放在图样中其他的地方，但应有表头。

标记：按照有关规定或要求填写更改标记。

处数：填写同一张标记所表示的更改数量。

分区：必要时，按照有关规定填写。

更改文件号：填写更改所依据的文件号。

签名、年月日：填写更改人的姓名和更改的时间。

（2）签字区　签字区一般按设计、审核、工艺、标准化、批准等有关规定签署姓名和年月日。

（3）其他区

① 材料标记：对于需要该项目的图样一般应按照相应标准或规定填写所使用的材料。

② 阶段标记：按有关规定由左向右填写图样的各生产阶段。

③ 质量：填写所绘制图样相应产品的计算质量，以千克（kg）为计量单位时，允许不写出其计量单位。

④ 比例：填写绘制图样时所采用的比例。

⑤ 共　张第　张：填写同一图样代号中图样的总张数及该张所在的张次。

（4）名称及代号区　图样必须按照现行国家标准如《技术制图》《机械制图》《电气制图》等及其他相关标准或规定绘制，达到正确、完整、统一、简明。采用 CAD 制图时，必须符合 GB/T 14665 及其他相关标准或规定；采用的 CAD 软件应经过标准化审查。因此，图样上术语、符号、代号、文字、图形符号、结构要素及计量单位等，均应符合有关标准或规定。图样上的产品及零、部件名称，应符合有关标准或规定。如无规定时，应尽量简短表达单位名称：填写绘制图样单位的名称或单位代号，必要时，也可不予填写。

图样名称：填写所绘制对象的名称，对于化工设备而言，一般分两行填写，第一行填设备名称、规格及图别（装配图、零件图等），第二行填设备位号；设备名称由化工名＋设备结构名组成，如聚乙烯反应釜。

图样代号：按有关标准或有关规定填写图样的代号。对于通用件，也就是产品设计时继承已有的零部件，能够扩大产品的通用化系数，可显著提高设计工作效率，缩短产品设计、试制和生产的周期，确保质量，降低成本。因此，在产品设计和改进时，应尽量采用通用件。如设备图中的图号格式见图1-9。用短杠线将分类号、设备顺序号及图纸编号隔开，设备分类号需要在相关标准中查找编制，设备顺序号一般由本单位依据工序顺序和车间内设备的顺序进行编排，前面两部分组成了设备的文件号。最后指明图纸的顺序号，则完成图号的编制。

（5）尺寸与格式　标题栏中各区的布置见图1-8（a），也可采用图1-8（b）所示形式。当采用前者形式配置标题栏时，名称及代号区中的图样代号和投影符号应放在区的最下方（见图1-6）。在学生制图作业中，可以采用简易标题栏格式，见图1-10。

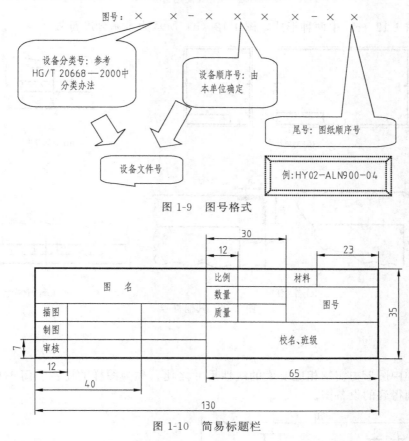

图 1-9　图号格式

图 1-10　简易标题栏

（6）图纸使用方式　标题栏的长边置于水平方向并与图纸的长边平行时，构成 X 型图纸；若标题栏的长边与图纸的长边垂直时，则构成 Y 型图纸，如图1-11所示。使用者应该依据自身要求选择图纸的使用方式。

（五）对中符号、方向符号、剪切符号、米制分度符号

为了使图纸复制和缩微摄影时定位方便，对基本幅面（含部分加长幅面）的各号图纸，均应在图纸各边的中点处分别画出对中符号，见图1-12（a）。方向符号见图1-12（b），剪

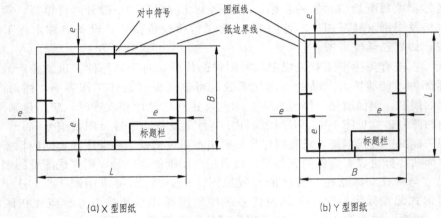

图 1-11　图纸使用方式

切符号可用图 1-12（c）中两种形式，图 1-12（d）所示为米制分度符号。

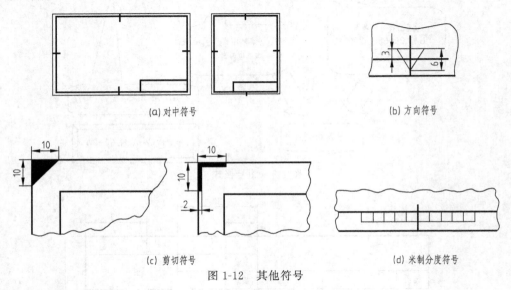

(a) 对中符号　　　　　　　　　　(b) 方向符号

(c) 剪切符号　　　　　　　　　　(d) 米制分度符号

图 1-12　其他符号

二、比例

技术图样中图形与实物相应要素的线性尺寸之比，称为图样的比例。图 1-13 中表示出两种不同比例得到的设备图。

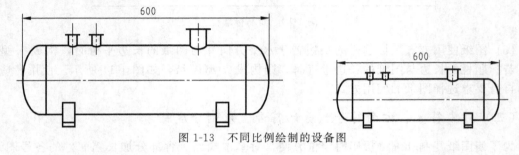

图 1-13　不同比例绘制的设备图

按照 GB/T14690—1993 和 GB/T 18229—2000 的要求，绘制图样时，应根据图样的用途与所绘图形的复杂程度，从表 1-2 规定的系列中选用适当的比例。

表 1-2　绘图比例

优先比例				
种类	比例			
原始比例	$1:1$			
放大比例	$5:1$	$2:1$		
	$5\times10^n:1$	$2\times10^n:1$	$1\times10^n:1$	
缩小比例	$1:2$	$1:5$	$1:10$	
	$1:2\times10^n$	$1:5\times10^n$	$1:1\times10^n$	

第二可选比例				
种类	比例			
放大比例	$4:1$	$2.5:1$		
	$4\times10^n:1$	$2.5\times10^n:1$		
缩小比例	$1:1.5$	$1:2.5$	$1:3$	$1:4$	$1:6$
	$1:1.5\times10^n$	$1:2.5\times10^n$	$1:3\times10^n$	$1:4\times10^n$	$1:6\times10^n$

注：n 为正整数。

三、字体

（一）手工绘图字体（GB/T 14691—1993）

1. 基本要求

① 图样中书写的汉字、数字和字母，都必须做到"字体工整，笔画清楚、间隔均匀、排列整齐"。

② 字体高度（用 h 表示）的公称尺寸系列为：1.8mm，2.5mm，3.5mm，5mm，7mm，10mm，14mm，20mm。

③ 汉字应写成长仿宋体字，并应采用国家正式公布的简化字。汉字的高度不应小于 3.5mm，其字宽一般为 $h/\sqrt{2}$。

书写长仿宋体字的要领：横平竖直、注意起落、结构匀称、填满方格。

④ 字母和数字分 A 型和 B 型。A 型字体的笔画宽度（d）为字高（h）的 1/14，B 型字体的笔画宽度（d）为字高（h）的 1/10。在同一图样上，只允许选用一种形式的字体。

⑤ 字母和数字可写成斜体和直体（正体）。斜体字字头向右倾斜，与水平基准线成 75°角。

2. 字体示例

（1）长仿宋体汉字书写示例

10号字：　字体工整笔画清楚

5号字：　横平竖直注意起落结构匀称填满方格

3.5号字：　汉字应写成长仿宋体字并应采用国家正式公布的简化字

(2) 字母、数字书写示例

ⅠⅡⅢⅣⅤⅥⅦⅧ ⅨⅩ

（二）计算机制图字体（GB/T 14665—2012）

① 计算机制图的字体，无论汉字、数字还是字母，要求端正、清晰、整齐、间隔相等，一般用正体输出，小数点应占一个字位。

② 汉字要采用规范的简化字，CAD 工程图中字体的应用范围见表 1-3。

表 1-3　CAD 工程图中字体的选用范围

汉字字型	国家标准号	字体文件名	应用范围
长仿宋字	GB/T 14691—1993	HZCF	图中标注或说明的汉字、标题栏、明细栏等
单线宋体	GB/T 13844—1992（仅供参考）	HZDX	大标题、小标题、图册封面、目录清单、标题栏中设计单位的名称、图名、工程名、地形图等
宋体	GB 14245.1—2008；GB 635.1—2010；GB 12041.1—2010	HZST	
仿宋字	GB 14245.4—2008；GB 635.4—2008；GB 12041.4—2008	HZFS	
楷体	GB 14245.3—2008；GB 635.3—2008；GB 12041.3—2008	HZKT	
黑体	GB 14245.2—2008；GB 635.2—2008；GB 12041.2—2008	HZHT	

③ 标点符号除破折号、省略号为 2 个字位外，其余符号均占一个字位。

④ 字号与图纸幅面之间的选用关系见表 1-4。

表 1-4　字号与图纸幅面之间的选用关系

字 符 类 型	图　　幅				
	A0	A1	A2	A3	A4
	字体高度 h				
字母与数字	5			3.5	
汉字	7			5	

注：h＝汉字、字母、数字的高度。

⑤ 字、词间的最小距离为 1.5mm，各种线与汉字字符的间距应不小于 1mm，汉字行距不小于 2mm；数字、字母字符间的距离应在 0.5mm 以上，行距为 1mm 以上。

⑥ AutoCAD 中字体的调用：字体字形可以进行矢量化编译，产生 .SHX 文件，放置到 AutoCAD 的 Fonts 目录下，形成可以调用的字体。

在命令行键入 STYLE 命令，或在主菜单选择 FORMAT-TEXT STYLE，在弹出的对话框中选择 USE BIG FONTS，再选择所要加载的形文件，即可将所需的形文件设为当前标注所需的字体。

四、图线

机械图样中的图形是用各种不同粗细和形式的图线绘成的，不同的图线在图样中表示不同的含义。绘制图样时，应采用表 1-5 中规定的图线形式来绘图。

1. 线形和宽度（GB/T 4457.4—2002，GB/T 14665—2012）

表 1-5 给出了图线的分层、基本线型、宽度和用途。一般在图样中采用粗、细两种线宽，它们之间的比例为 2：1，在绘图时，粗实线的宽度 b 据图形的大小和复杂程度而定：图形小且复杂时 b 应取小些；图形大且简单时 b 应取大些，机械图样中的 b 为 0.7～2mm。

表 1-5　图线的分层、基本线型、宽度和用途

分层标识号	图线名称	图例	图线宽度	颜色	主要用途或说明
01	粗实线	————————	b	白	可见轮廓线
02	细实线	————————	$b/2$	绿	尺寸线、尺寸界线、剖面线、引出线、重合断面的轮廓线
	波浪线	〜〜〜〜〜	$b/2$		机件断裂处的分界线、视图与局部视图的分界线
	双折线	—〜∧〜∧—	$b/2$		断裂处的边界线
03	粗虚线	– – – – – –	b	白	假想轮廓线或隔离区
04	细虚线	- - - - - - -	$b/2$	黄	不可见轮廓线
05	细点画线	—·—·—·—	$b/2$	红	轴线、对称中心线、轨迹线
06	粗点画线	—·—·—·—	b	棕	有特殊要求的线或表面
07	细双点画线	—··—··—··	$b/2$	粉红	极限位置的轮廓线、相邻辅助零件的轮廓线、假想投影轮廓线、中断线
08	尺寸线及界线	96±1	$b/2$		依据细实线的规定绘制
09	参考圆及引出线		$b/2$		依据细实线的规定绘制
10	剖面符号	/////	$b/2$		依据细实线的规定绘制
11	文本（细）	ABCD			一般文字
12	文本（粗）	**ABCD**			标题或强调性文字
13、14、15	用户选用图层				依据用户的需要自行确定

2. 图线的画法注意事项

① 同一图样中同类图线的宽度应基本一致，并保持线型均匀，颜色深浅一致。

② 虚线、点画线及双点画线的线段长度和间距应各自大致相等。

③ 点画线、双点画线的首末两端应是线段，而不是短划。点画线、双点画线的点不是点，而是一个约 1mm 的短画线。

④ 绘制圆的中心线，圆心应为线段的交点。

⑤ 在较小的图形上绘制点画线或双点画线有困难时，可用细实线代替。

⑥ 虚线与虚线相交、虚线与点画线相交、虚线与粗实线相交时，应以线段相交，不留空隙；虚线、点画线如果是粗实线的延长线，应留有空隙，见图 1-14。

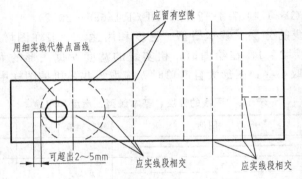

图 1-14　线与线相交时的规定画法

⑦ 重合图线的优先顺序（GB/T 14665—2012）：遇到不同类型的图线重合时，应遵从以下优先顺序。

可见轮廓线和棱线（粗实线）—不可见轮廓线和棱线（细虚线）—剖面线（细点画线）—轴线和对称中心线（细点画线）—假想轮廓线（细双点画线）—尺寸界线和分界线（细实线）。

⑧ 一些图线画法尺寸：无论手工绘图还是机械绘图，对一些特殊线型的绘制尺寸不能随意确定，要依据统一的标准要求。表 1-6 给出了特殊图线的绘制尺寸要求，在绘制或选用时加以注意。

表 1-6　特殊图线画法尺寸（GB/T 14665—2012）

名称	尺寸限定	说　明
双折线		d 为细实线宽度,mm。 当被剖断面宽度 $l \leqslant 10d$ 时,采用如下 Z 形画法,即画在外部
虚线		d 为细实线宽度,mm。 l_2 一般为 12d,总长 l_1 最小为 27d,即两段线段组成
点画线		d 为细实线宽度,mm。 最短长度为两段线段加一个点,即 54.5d

名称	尺寸限定	说明
双点画线	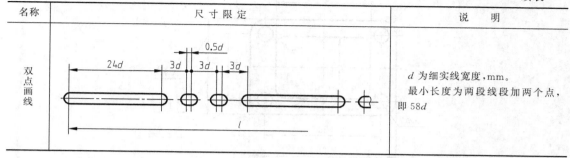	d 为细实线宽度,mm。 最小长度为两段线段加两个点,即 58d

五、尺寸标注

在制图中绘制的图形只能反映物体的结构形状,物体的真实大小要靠所标注的尺寸来决定(GB/T 4458.4—2003)。

(一)标注尺寸的基本原则

① 机件的真实大小,应以图样上所注的尺寸数值为依据,与图形的大小(即所采用的比例)和绘图的准确度无关。

② 图样中(包括技术要求和其他说明文件中)的尺寸,以毫米为单位时,不需标注计量单位的代号或名称。如果采用其他单位,则必须注明相应的计量单位的代号或名称。

③ 图样中所标注的尺寸,为该图样所示机件的最后完工尺寸,否则应另加说明。

④ 机件的每一尺寸,一般只标注一次,并应标注在反映该结构最清晰的图形上。

(二)尺寸标注的形式

1. 链式

后一尺寸以它邻接的前一个尺寸的终点为起点(基准),同一方向的几个尺寸依次首尾相接,称为链式标注。链式可保证所注各段尺寸的精度要求,但由于基准依次推移,使各段尺寸的位置误差累加。因此,当阶梯状零件对总长精度要求不高而对各段长度的尺寸精度要求较高时,或零件中各孔中心距的尺寸精度要求较高时,适于采用链式尺寸注法。

2. 坐标式

零件同一方向的几个尺寸由同一基准出发进行标注,称为坐标式。坐标式标注中各段尺寸其精度只取决于本段尺寸加工误差,精度互不影响,不产生位置累加。因此,当需要从同一基准定出一组精确的尺寸时,适于采用这种尺寸注法。

3. 综合式

零件同一方向的多个尺寸,既有链式又有坐标式,是这两种形式的综合,称为综合式,综合式具有链状式和坐标式的优点,既能保证一些精确尺寸,又能减少阶梯状零件中尺寸误差积累,因此,综合式注法应用较多。

(三)尺寸三要素

标注一个尺寸,一般应包括尺寸界线、尺寸线和尺寸数字三个部分,称为尺寸的三要素,如图 1-15 所示。

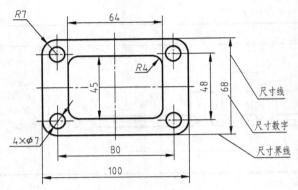

图 1-15　尺寸标注示例

1. 尺寸界线

尺寸界线用来限定尺寸度量的范围。绘制的原则是：①尺寸界线用细实线绘制，由图形的轮廓线、轴线或对称中心线引出。也可利用图形的轮廓线、轴线或对称中心线作尺寸界线。②尺寸界线一般应与尺寸线垂直。必要时才允许倾斜，如图 1-16 中的 $\phi70$ 和 $\phi24$ 尺寸的界线是倾斜的。③在光滑过渡处标注尺寸时，必须用细实线将轮廓线延长，从它们的交点处引出尺寸界线。

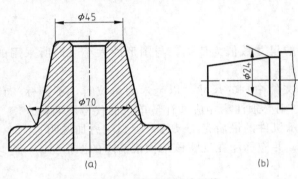

图 1-16　特殊的尺寸界线

2. 尺寸线

尺寸线用来表示所注尺寸的度量方向，在绘制时要注意的内容包括：

① 尺寸线用细实线绘制，在手工绘图时尽量采用终端有箭头和斜线的两种形式。a. 箭头终端：适用于各种类型的图样，箭头的形状大小见图 1-17（a）。b. 斜线终端：必须在尺寸线与尺寸界线相互垂直时才能使用，该终端用细实线绘制，方向以尺寸线为准，逆时针旋转 45°画出，见图 1-17（b）。在 CAD 制图中尺寸线的终端形式，可以采用图 1-17（c）所示的五种形式，但这五种形式的选用应该遵循自上而下的顺序，即优先选用箭头形式。

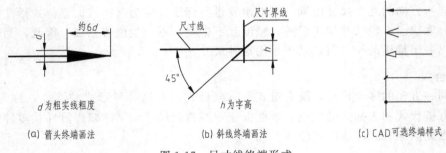

(a) 箭头终端画法　　　　　(b) 斜线终端画法　　　　　(c) CAD可选终端样式

图 1-17　尺寸线终端形式

② 同一图样中，一般只能采用一种终端形式。但当采用斜线终端形式时，图中圆弧的半径尺寸、投影为圆的直径尺寸及尺寸线与尺寸界线成倾斜的尺寸，这些尺寸线的终端应画成箭头，如图 1-18（a）所示。

③ 当采用箭头终端形式，遇到位置不足够画出箭头时，允许用圆点或斜线代替箭头，如图 1-18 (b) 所示。

④ 尺寸线必须单独画出，不能用其他图线代替。一般也不得与其他图线重合或画在其延长线上。同时，在标注线性尺寸时，尺寸线必须与所标注的线段平行。

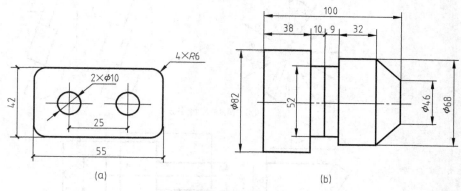

图 1-18　不同尺寸终端的混用情况

3. 尺寸数字

尺寸数字用来表示所注尺寸的数值，是图样中指令性最强的部分。要求注写尺寸时一定要认真仔细、字迹清楚，应避免可能造成误解的一切因素。

注写尺寸数字时应符合下列规定：

① 线性尺寸数字的注写位置：水平方向的尺寸，一般应注写在尺寸线的上方；铅垂方向的尺寸，一般应注写在尺寸线的左方；倾斜方向的尺寸一般应在尺寸线靠上的一方。也允许注写在尺寸线的中断处。

② 线性尺寸数字的注写方向：线性尺寸数字的注写方向，有两种注写方法。

方法一：水平尺寸的数字字头向上；铅垂尺寸的数字字头朝左；倾斜尺寸的数字字头应有朝上的趋势，见图 1-19 (a)。应尽可能避免在铅垂 30°内标注尺寸，若不能避免，可以引出标注尺寸数字，见图 1-19 (b)。

方法二：对于非水平方向的尺寸，其尺寸数字可水平注写在尺寸线的中断处 [字体直立，见图 1-19 (c)]。一般应尽量采用方法一注写。在不致引起误解时，允许采用方法二注写。

③ 角度的数字一律写成水平方向，即数字铅直向上。一般注写在尺寸线的中断处，必要时，也可注写在尺寸线的附近或注写在引出线的上方，如图 1-19 (d) 所示。

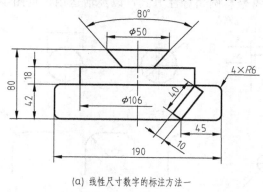

(a) 线性尺寸数字的标注方法一

图 1-19

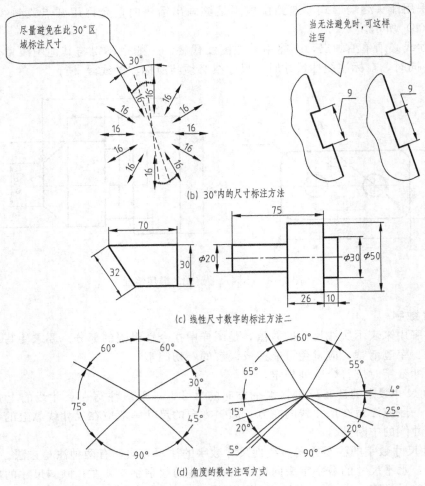

(b) 30°内的尺寸标注方法

(c) 线性尺寸数字的标注方法二

(d) 角度的数字注写方式

图 1-19　尺寸数字标注方法

④ 尺寸数字要符合书写规定，且要书写准确、清楚。要特别注意，任何图线都不得穿过尺寸数字。当不可避免时，应将图线断开，以保证尺寸数字的清晰，见图 1-19 中的尺寸。

⑤ 当尺寸界线间的距离较小时，尺寸线箭头可以标在界线的外侧，同一方向的连续尺寸尽量共用一条直线，可以节省空间和使标注清晰。圆的尺寸可以用界线引出标注直径的长度，此时尺寸前不写直径符号。圆角标注方式可以灵活运用，见图 1-20。

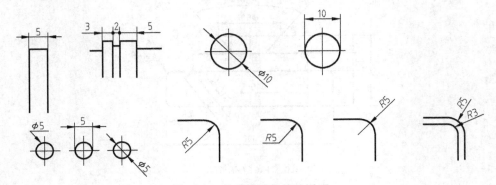

图 1-20　尺寸标注的特殊说明

第三节 AutoCAD 使用规范

AutoCAD 作为一种交互式绘图软件成功应用于二维、三维设计、图纸绘制，已广泛用于机械、电子、建筑、化工、制造、轻工及航空航天等领域，用户可以使用它来创建、浏览、管理、打印、输出、共享及准确应用富含信息的设计图形。

绘制化工图纸（包括三维实体），可以采用 AutoCAD2004 以来的各个版本。版本号越高，功能越强大，但对计算机的配置要求也越高。用户可依据自己的实际需求安装某个版本，但要注意的是，低版本的 CAD 软件打不开高版本编辑的文件。

一、AutoCAD 基本功能

作为使用最广泛的计算机辅助绘图与设计软件之一，AutoCAD 具备以下基本功能：
① 绘制与编辑图形；
② 标注图形尺寸；
③ 渲染三维图形；
④ 输出与打印图形。

二、界面组成

AutoCAD 一般为用户提供了"二维草图与注释""三维建模"和"AutoCAD 经典"三种工作空间模式。在默认状态下，打开的是"二维草图与注释"工作空间，如图 1-21 所示，其界面主要由菜单栏、工具栏、工具选项板、绘图窗口、文本窗口与命令行、状态栏等元素组成。

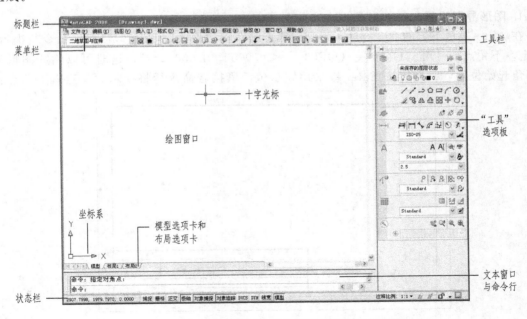

图 1-21 AutoCAD "二维草图与注释"工作空间

绘图窗口是绘图工作区域，所有的绘图结果都反映在这个窗口中。可以根据需要关闭其周围和里面的各个工具栏，以增大绘图空间。"命令行"窗口位于绘图窗口的底部，用于接收输入的命令，并随时显示 AutoCAD 提示信息。在 AutoCAD 2008 以上版本中，"命令行"窗口可以拖放为浮动窗口。

最底部为状态栏，显示 AutoCAD 当前的状态，如当前光标的坐标、命令和按钮的说明等，见图 1-22。

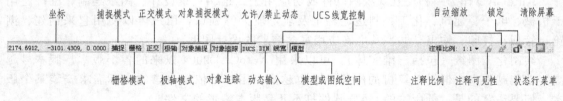

图 1-22　AutoCAD 状态栏

"三维建模"工作界面：在 AutoCAD 中，点击菜单栏的"工具"—"工作空间"—"三维建模"命令，或在"工作空间"工具栏的下拉列表框中选择"三维建模"选项，都可以快速切换到"三维建模"工作界面。

三、图形文件管理

在 AutoCAD 中，图形文件管理一般包括创建新文件、打开已有的图形文件、保存文件、加密文件及关闭图形文件等。

在创建新图形文件时，选择"文件"—"新建"命令（NEW），或单击"标准注释"工具栏中"新建"按钮，可以创建新图形文件，此时将打开"选择样板"对话框，用户选择一个样板（如 acadiso.dwt）即可。其他操作比较简单，用户可以自己熟悉。

四、绘图环境设置

1. 图形界限设置

在 AutoCAD 下方的命令行输入 limits 或点击菜单"格式"—"图形界限"，命令行提示："指定左下角点或 ［开（ON）/关（OFF）］ <0.0000，0.0000>："，这时可以输入图形的左下角起始位置，或直接按 Enter 键采用默认值。紧接着命令行将提示"指定右上角点："

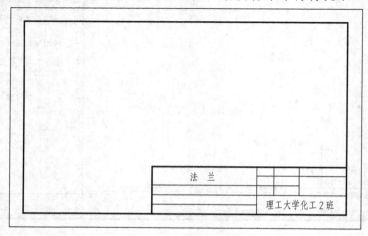

图 1-23　图框和标题栏

（用户指定图形界限的右上角位置）。用户可通过此命令的"ON"或"OFF"打开或关闭这种限制，在"ON"的状态下，界限外无法绘制图形。

在绘图作业中可以只通过图框圈定绘图区域，也就是先绘制一定规格的图框（包括 A0、A1、A2、A3、A4），然后在此图框内绘图。还可以在绘图前先制作标题栏，见图 1-23。

2. 图形单位格式设置

调用命令"un（units）"，或点击"格式"—"单位"，弹出"图形单位"对话框，见图 1-24。可以分别设置长度类型、精度；角度类型、精度等。将长度精度修改为 0.00 或依据要求而定。左键单击"方向（D)......"可以弹出"方向控制"对话框，以东为 0°时则不必修改。

图 1-24 "图形单位"对话框

3. 图层设置（包括线型、线宽、颜色等）

输入命令"layer"，或单击"格式"—"图层"或在选项面板单击"图层特性"等方式，出现"图层特性管理器"对话框，如图 1-25 所示。单击第二行新建图层图标，依据第一章

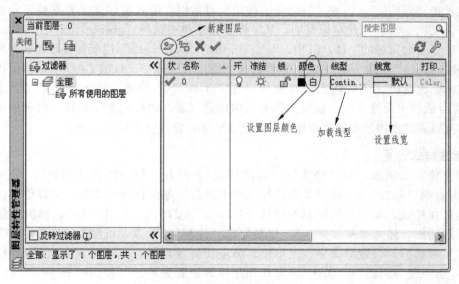

图 1-25 "图层特性管理器"对话框

规定建粗实线、细实线、中心线、虚线、尺寸标注、文字等的图层，最好用英文表示图层的名称，确定每层的颜色、线型（点击线宽处加载进行选择）、宽度等。这里，可将细实线、中心线、标注等线设置为 0.15mm 宽度，可将粗实线设置为 0.30mm。

注意事项：一般不要使用 0 层设置绘图，该层可以绘制图纸边缘线。

4. 线型比例因子设置

调用命令"lts（ltscale）"，命令行提示"LTSCALE 输入新线型比例因子<1.0000>："，输入比例值，回车。或单击菜单"格式"—"线型"，在线型管理器对话框中输入"全局比例因子"，确定。

5. 字体设置

在 AutoCAD 中点击"格式"—"文字样式"或工具栏中的图标 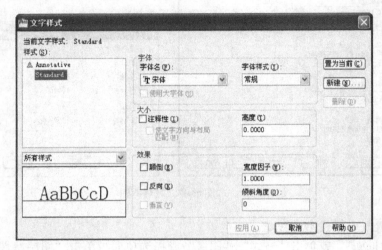，或者在命令行键入"style"或"st"，出现"文字样式"对话框（图 1-26）。

图 1-26 "文字样式"对话框

左键单击"新建..."，出现"新建文字样式"对话框，键入国标文字或其他自定名称，确定后返回，见图 1-27。在此对话框中，从字体下拉菜单中选择"gbenor.shx""gbeitc.shx"或"gbcbig.shx"符合国标的字体。其中，"gbenor.shx""gbeitc.shx"用于标注正体和斜体字母和数字，"gbcbig.shx"用于标注中文（需要点选"使用大字体"）。目前 CAD 软件都可以直接选择长仿宋体完成各类文字的输入，或选择"仿宋_GB2312"字体，然后将"宽度因子"设为"0.7"。在对话框中设置字高，数值必须采用国标建议值，建议勾选注释性，以利于出图。也可依据需要设置宽度因子和倾斜角度，最后点击确定，完成文字样式设置。

6. 标注样式设置

在"注释"选项板，或"格式"—"标注样式"，打开"标注样式管理器"，点选"ISO-25"，单击右侧"修改"，查看"文字式样"、"主单位"等是否合乎需要，可以修改。提倡建立自己的标注样式，如：在国际标准样式"ISO-25"基础上，点"新建"，弹出"创建新标注样式"对话框，输入名称"××"，尽量勾选"注释性"，点"继续"，出现"新建标注样式：××"对话框，设置好文字、主单位、测量比例等内容，点"确定"，回到"标注样式管理器"，点"置为当前"—"关闭"，则此标注样式设置完毕。在使用过程中，可在"注释"选项板随时切换标注样式。

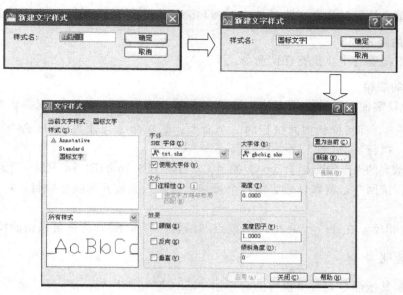

图 1-27 "文字样式"对话框的设置

五、光标设置

绘图区域中的十字光标,默认长度为屏幕大小的 5%,用户可以根据实际需要调整,步骤如下:

① 点菜单"工具"—"选项",弹出"选项"对话框,单击框中"显示"选项卡,在"十字光标的大小"文本框中输入数值或者拖动文本框右边的滑块,即可调整十字光标的大小。

② 单击"确定"按钮,光标修改完毕。

光标在绘图区显示当前点在坐标系的设置,默认的坐标系为世界坐标系。

六、命令的启用、重复、终止与撤销

(一) 命令的启用方式

AutoCAD 命令的启用方式有以下 4 种:①使用菜单启用命令;②使用工具按钮启用命令;③使用键盘输入命令,即在命令行出现【命令:】提示符时,通过键盘输入命令后按 Enter 键启用该命令(需使用英文);④使用右键快捷菜单选择命令,在绘图窗口中单击鼠标右键,将弹出相应的快捷菜单,可从中选择;若在命令行窗口中单击鼠标右键,将弹出相应的快捷菜单,通过它可以选择最近使用过的 6 个命令。

(二) 命令的重复、终止与撤销

1. 命令的重复

① 要重复执行上一个命令,可以直接按 Enter 键或空格键,或在绘图区域中单击鼠标右键,在弹出的快捷菜单中选择"重复"命令。

② 要重复执行最近使用的 6 个命令中的某一个,可以在命令行窗口或文本窗口中单击鼠标右键,在弹出的"近期使用的命令"快捷菜单中选择需要重复执行的命令。

③ 要多次重复执行同一个命令,可在命令行输入 multiple,回车,然后在命令行提示

下输入需要重复执行的命令，此时 AutoCAD 将连续重复执行该命令，直到按 Esc 键为止。

2. 命令的终止

随时按 Esc 键可中止执行任何命令。

3. 命令的撤销

AutoCAD 常使用两种撤销方法：①单击菜单"编辑"—"放弃"，或单击标准工具栏上的放弃按钮 ，即可撤销前面执行的一个命令；②在命令行输入 undo 命令可以放弃 1 个或多个操作。执行 undo 后，命令行提示：

"输入要放弃的操作数目或[自动(A)/控制(C)/开始(BE)/结束(E)/标记(M)/后退(B)]<1>:"

此时若直接回车，将默认放弃前一个操作；若输入要放弃的操作数目，将放弃最近的多个操作。

和 undo 相反，在命令行输入 redo 或点"编辑"—"重画"，将恢复撤销的操作。

（三） 透明命令

在不中断其他命令而可以执行的命令如"zoom""grid""snap"等，称为透明命令。在绘图时可以随时调用，不影响其他命令的执行。但要注意以下几点：

① 命令作为透明命令使用时，功能上将会有些变化。

② 在命令行提示"命令"状态下直接使用透明命令，效果不变。

③ 在输入文字以及执行 stretch、plot 等命令时，不能使用透明命令。

④ 不允许同时执行两条及两条以上的透明命令。

七、绘图基本操作实例

【利用 AutoCAD 绘图基本操作】

绘制图框、简易标题栏和简单零件图，并标注尺寸，如图 1-28 所示。
过程：

1. 设置绘图环境

打开 AutoCAD 程序，按以上第"四"部分所述设置绘图环境。图层设置为图 1-29 所示样式。

2. 绘制图框

① 在图层应用过滤器小窗口点击细实线层"thin solid"，点击矩形工具，在绘图区捕捉一点开始画 A4 图框，需要在拉动矩形过程中键入相对坐标"@210，297"，回车或按空格键，得到 A4 图纸边框。

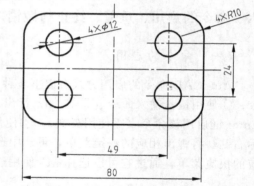

图 1-28　垫片

② 将粗实线层"visible solid"置于当前，可用矩形工具拉出内框；或使用偏移技术（推荐），方法是：点击偏移工具 ，提示输入偏移值，键入"10"，回车，提示"选择要偏移对象"，点矩形框，命令提示"指定要偏移的那一侧上的点"，在矩形内部单击，完成偏移。注意：偏移产生的对象具有原图层特性，可以点中后，单击图层过滤器中的粗实线层，则线型被更正，完成图框绘制。点击绘图区下方的"显示/隐藏线宽"按钮，可以查看线型是否正确。

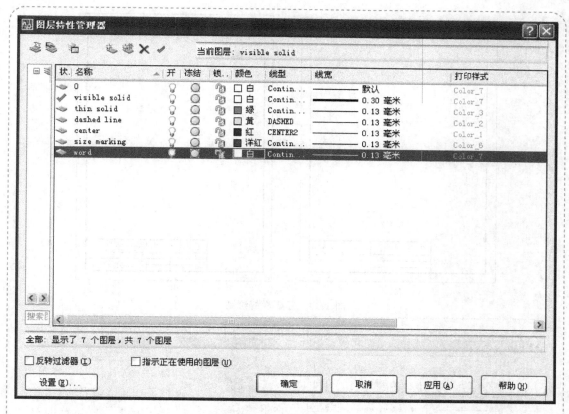

图 1-29 图层设置

3. 绘制主标题栏

① 在"visible solid"图层，点亮屏幕最下方状态栏中"正交"按钮，点面板中的线段工具 ✎，从左图框捕捉端点，输入"60"回车或按空格，向上拉动，输入"35"回车或按空格，向右与右图框相交，单击后按 Esc 退出。

② 将"thin solid"图层置于当前，用线段工具在内部画线。等距线段可以使用偏移技术。画出如图 1-30（a）所示的标题栏框线。

③ 将文本"word"图层设为当前，在标题栏中用图板中的多行文字工具 **A**，输入文本，见图 1-30（b）。

④ 选择性创建"块"，方便以后作图和减小文件大小。

AutoCAD 中，"块"是一组对象的总称，可以作为一个单独的、完整的对象来操作。用户可根据需要将图块按给定的缩放系数和旋转角度插入到指定的任一位置，若要修改块中对象，需使用"分解"按钮 ✎ 将其分解，然后再进行编辑。将绘制的图框和标题栏创建为"块"，在后面的绘图中直接调用。

方法为：a. BLOCK 命令，或点击菜单的"绘图"—"块"—"创建"，弹出对话框〔图 1-31（a）〕，输入块的名称（自定义），选择位置、方式，确定。b. 在命令行输入"WBLOCK"或 W，弹出"写块"对话框，见图 1-31（b），将已创建的块存储起来。在框内"源"设置区，选择"块"单选按钮，并在右边的下拉列表框中选择已定义的块，如"螺钉"。若尚未定义块，可选择"对象"按钮，利用"写块"对话框中"基点"和"对

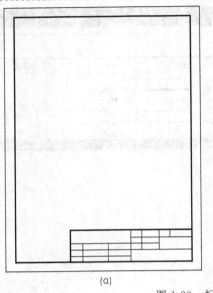
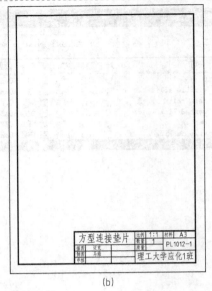

(a)　　　　　　　　　　　　　　(b)

图 1-30　标题栏的绘制

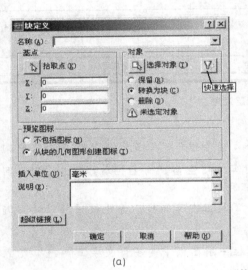
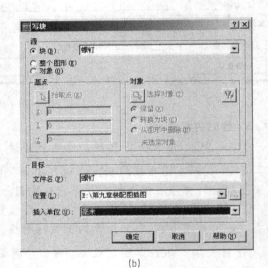

(a)　　　　　　　　　　　　　　(b)

图 1-31　"块"的定义和保存

象"设置区定义块；或选择"整个图形"按钮，将整个图形定义为块。在"目标"设置区的"文件名"和"位置"的下拉列表中，设置块的名称和存储位置。在"插入单位"选择设置块使用的单位。c. 单击"确定"按钮，即可将块保存在所指定的位置。

4. 绘制零件图

① 在中心线 "center" 图层，点亮正交状态，用线段工具绘制水平、垂直对称线，确定视图的位置。

② 切换到 "visible solid" 图层，在中心线交点左侧 40mm 处向上绘制直线，输入长度数值 "15"，按 Esc 结束。同样，在中心点正上方 25mm 处向左画水平线段，输入长度数值 "30"，确定，按 Esc 退出。

③ 在面板中点击圆角工具 ⌐，输入 "R"，回车或按空格键，提示输入半径值，输入数值 "10"，回车。这时命令提示选择对象，前后点击两条实线段，完成圆角绘制。如图 1-32（a）所示。

④ 以中心线为基准，绘制两条辅助线（使用构造性工具 ✐），确定圆孔圆心的位置，如图 1-32（b）所示。在 "visible solid" 图层用画圆工具 ◉，按提示输入半径数值，画出圆孔，删除构造线，并在中心线图层绘制圆的两条对称轴，结果如图 1-32（c）所示。

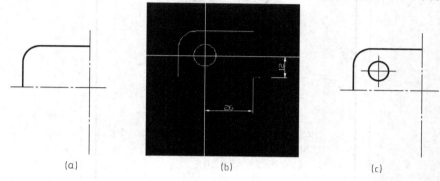

图 1-32　绘制圆角和圆孔

⑤ 使用镜像工具 ⚏ 绘制图形的另一半。点击面板的镜像图标，提示 "选择对象："，用鼠标选择要镜像的部分，此处选画完的这 1/4 部分，按空格键或回车，提示 "指定镜像线的第一点："，可输入点的坐标或采用鼠标捕捉，我们采用后者。点击水平中心线的任一点为第一点，提示 "指定镜像线的第二点："，在水平中心线上点击另一点，提示 "要删除源对象吗？N"，系统默认不删除，直接回车或按空格确认不删除源文件，则产生镜像的另一半图形，见图 1-33（a），完成整个图形的 1/2。

⑥ 继续使用镜像工具，以竖直中心线为镜像线，产生整个图形的另 1/2 部分，见图 1-33（b）。

⑦ 标注尺寸：在尺寸标注 "size marking" 图层，使用面板上的线性标注工具标注长度尺寸，使用圆标注工具 ◉ 标注 4 个孔（只需在一个上面标注），使用半径标注工具 ◉ 标注圆角，标注一个即可，然后选中该标注，点右键—特性，或单击面板上的 "特性" 右下角小箭头，打开 "特性" 对话框，在其中修改尺寸数字及其高度、精度等。在该对话框中，文字栏有文字替代选项，可以输入要替换的文字，如输入 "$4 \times R10$" 代替原来系统标注的 "$R10$"，以表示 4 个圆角，见图 1-33（c）。

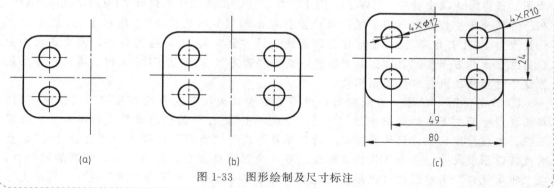

图 1-33　图形绘制及尺寸标注

⑧ 在合适的地方使用多行文字工具 **A** 书写技术要求，完成图纸绘制，见图 1-34。

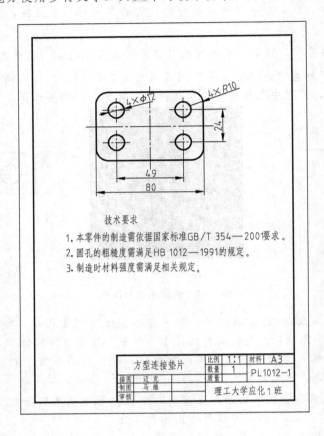

技术要求

1. 本零件的制造需依据国家标准GB/T 354—2001要求。
2. 圆孔的粗糙度需满足 HB 1012—1991的规定。
3. 制造时材料强度需满足相关规定。

方型连接垫片		比例	1:1	材料	A3
		数量	1		PL 1012—1
描图	迈 克	质量			
制图	马 维			理工大学应化1班	
审核					

图 1-34　绘制完成的图样

5. 打印和输出

用户通过 CAD 文件菜单中的"另存为"、"输出"、"打印"等可以获得 DWG、DWT、DXF、PDF、JPG、PNG 等多种格式文件或纸质文件，以打印 PDF 文档为例，可采用如下方式：

① 模型空间出图　点"文件"—"打印"，弹出"打印—模型"对话框，在"打印机/绘图仪选择"选项中选择"DWG to PDF"打印机，图纸尺寸中选择"ISO full bleedA4"，在下方选择居中打印和布满图纸，或设置打印比例（本例已按 1:1 绘制了 A4 图框，因此设置为 1:1 打印即可），然后在打印区域选择"窗口"，回到绘图窗口，依次点击外图框的左上角和右下角，自动回到对话框，点击"确定"，则输出 PDF 文档。用户也可以依据这个过程将图纸打印为其他格式。

② 布局出图　布局（图纸空间）出图灵活性很大，可以多视口并按不同比例出图。单击模型空间左下角的切换按钮"布局 x"或"＋"，打开已有的布局或新增布局，出现图纸、虚线打印区域、默认的视口。用户应首先点开"布局"选项卡的"页面设置"，查看或修改图纸尺寸。单击默认视口框线，可以调整视口大小、线的特性，或删除该视口，在"布局视口"面板新建（矩形、多边形）或指定（对象）某闭合图形为视口。图纸上可

开启多个视口，用户应该将视口轮廓线单独建在一个图层，以便出图时锁定该图层或关闭图层中的打印机符号，使其不打印出来。在视口内左键双击可以进入模型空间，进行图形缩放，并依据透明命令中显示的"视口比例"数字确定该视口的打印比例。在视口外部左键双击，退出模型空间。采用布局出图，用户可以更好地体会"注释性"的重要性，有注释性的要素不会因打印比例的大小而改变输出的该要素的尺寸。

　　图框和标题栏可以在布局中绘制，也可以从模型空间复制过来。本例在模型空间已经按1：1绘制了图框和标题栏，只需要直接从模型空间复制，或在布局视口进入模型空间，选中图框和标题栏，选透明命令的视口比例为1：1，然后复制（或 Ctrl-C），在视口外左键双击，粘贴（Ctrl-V）对齐图纸边缘，这样图框和标题栏就移到了图纸空间。实际上，因本例中的零件已直接绘制在 A4 图框内，只需要将布局视口开到图纸边缘，进入内部一并调整按1：1显示，打印即可。对于大型尺寸的物体，提倡在模型空间1：1作图，然后利用布局出图的特点，很容易按一定比例显示在图纸空间的图框内。

习　题　一

1. 改正图 1-35 中不规范的尺寸标注。
2. 在 A4 幅面上用 2：1 的比例手工绘制图 1-18（a），并正确标注尺寸。
3. 用 AutoCAD2004 以上版本绘制如图 1-10 所示简易标题栏，填写学号、姓名，保存为块。

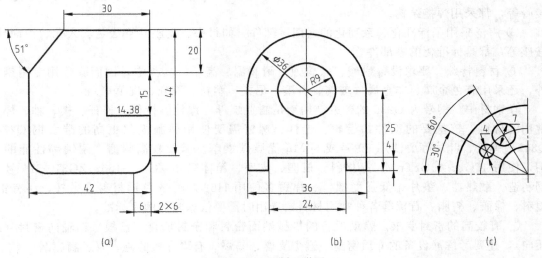

图 1-35　习题 1 附图

第二章

化工设备制图基础

第一节　化工设备及化工设备图的特点和内容

一、化工设备的结构特点

① 壳体多为薄壁钢板卷制而成，形状多为圆柱、圆球、圆锥、圆环。

② 尺寸相差悬殊。设备的总体尺寸与某些局部结构（如壁厚、管口等）的尺寸，往往相差很悬殊。

③ 开孔多管口多。如物料进出孔、人孔、手孔、采样孔、仪表孔、视孔等。

④ 大量采用焊接结构。这是化工设备的突出特点，如筒体、法兰、支座、封头、人孔、接管等，都采用焊接结构。

⑤ 广泛采用了标准化、系列化的通用零部件。如封头、支座、管法兰、人孔、液面计、鞍座等，都是标准化的零部件。

⑥ 材料特殊。要求设备耐酸、碱腐蚀；耐高温、高压、高真空；因而除采用专用钢材外，还采用有色金属、非金属（玻璃、石墨、尼龙、塑料、陶瓷、皮革等）。

在钢材中，钢号为 Q235 的碳素结构钢是制造螺母、螺栓、拉杆、连杆、楔、轴、焊件常用的材料，较重要的工件如齿轮、连杆、螺钉需要使用屈服极限更高的碳素钢 Q275、Q345。弹簧、叶片等要使用 60 号或 60Mn 优质碳素钢。需要较高耐磨、耐蚀等性能的结构，使用 45Gr、45GrTnMn 等材料。机座、支座、箱体多用 ZG230-450、ZG310-570 号铸钢制造。散热器、垫片、低强度螺钉、弹簧多使用 H62 牌号的黄铜材料，另外，还有铝、塑料、橡胶、树脂、石棉等各种常用材料，选用时需要依据相关国家标准。

⑦ 有较高的密封要求。除动设备的机械端面密封和密封填料（盘根）箱轴向密封（或环向），还要考虑静设备的介质密封，避免易燃、易爆、有毒介质的跑、冒、滴、漏。

二、化工设备图的特点和种类

凡表示化工设备的形状、大小、结构、性能、制造、安装等技术要求的图样都称为化工设备图，其图样除了要遵守《机械制图》有关国标、部标规定外，还有些特有的规定及内容，以满足化工设备特定的技术要求及严格的图样管理的需要。因此，化工设备图中除了具有与一般机械装配图相同的内容，如一组视图、必要的尺寸标注、技术要求、明细栏及标题外，还有技术特性表、接管表、修改表、选用表及图纸目录等内容。

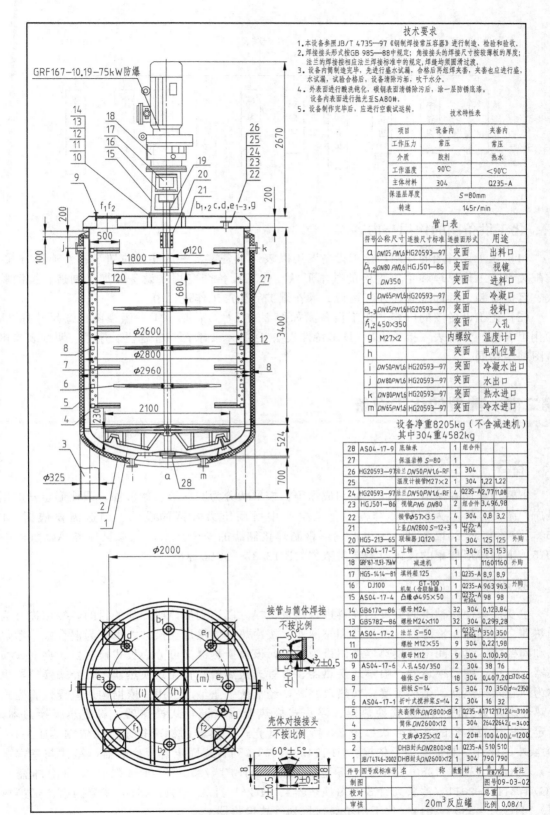

技术要求

1.本设备参照JB/T 4735—97《钢制焊接常压容器》进行制造、检验和验收。
2.焊接接头形式按GB 985—88中规定;角接接头的焊接尺寸按较薄板的厚度;法兰的焊接按相应法兰焊标准中的规定,焊缝均须圆滑过渡。
3.设备内筒制造完毕,先进行盛水试漏,合格后再组焊夹套,夹套也应进行盛水试漏,试验合格后,设备清除污垢,吹干水分。
4.外表面进行酸洗钝化,碳钢表面清锈除污后,涂一层防锈底漆。设备内表面进行抛光至SA80#。
5.设备制作完毕后,应进行空载试运转。

技术特性表

项目	设备内	夹套内
工作压力	常压	常压
介质	胶剂	热水
工作温度	90℃	<90℃
主体材料	304	Q235-A
保温层厚度	S=80mm	
转速	145r/min	

管口表

符号	公称尺寸	连接尺寸标准	连接面形式	用途
a	DN125 PN1.6	HG20593—97	突面	出料口
b1,2	DN80 PN0.6	HGJ501—86	突面	视镜
c	DN350		突面	进料口
d	DN65 PN1.6	HG20593—97	突面	冷凝口
e1-3	DN65 PN1.6	HG20593—97	突面	投料口
f1,2	450×350		突面	人孔
g	M27×2		内螺纹	温度计口
h			突面	电机位置
i	DN50 PN1.6	HG20593—97	突面	冷凝水出口
j	DN80 PN1.6	HG20593—97	突面	水出口
k	DN80 PN1.6	HG20593—97	突面	热水进口
m	DN65 PN1.6	HG20593—97	突面	冷水进口

设备净重8205kg(不含减速机) 其中304重4582kg

件号	图号或标准号	名称	数量	材料	单重/kg	总重/kg	备注
28	AS04-17-9	底轴承	1	组合件			
27		保温岩棉 S=80	1				
26	HG20593—97	法兰DN50 PN1.6-RF	1	304			
25		温度计接管M27×2	1	304	1.22	1.22	
24	HG20593—97	法兰DN50 PN1.6-RF	4	Q235-A	2.77	11.08	
23	HGJ501—86	视镜PN6 DN80	2	组合件	3.49	6.98	
22		接管φ57×3.5	4	304	0.8	3.2	
21		上盖DN2800 S=12+3	1	Q235-A+304			
20	HG5-213—65	联轴器JQ120	1	304	125	125	外购
19	AS04-17-5	上轴	1	304	153	153	
18	GRF167-11.93-75kW	减速机	1		1160	1160	外购
17	HG5-1414—81	填料箱125	1	Q235-A	8.9	8.9	
16	DJ100	GJ-100 机架(含联轴器)	1	Q235-A	963	963	外购
15	AS04-17-4	凸缘φ495×50	1	Q235-A+304	98	98	
14	GB6170—86	螺母M24	32	304	0.12	3.84	
13	GB5782—86	螺栓M24×110	32	304	0.29	9.28	
12	AS04-17-2	法兰 S=50	1	Q235-A+304	350	350	
11		螺栓M12×55	9	304	0.22	1.98	
10		螺母M12	9	304	0.10	0.90	
9	AS04-17-6	人孔450/350	2	304	38	76	
8		锥体 S=8	18	304	0.40	7.20	L=70×60
7		挡板 S=14	5	304	70	350	d=2350
6	AS04-17-1	折叶式搅拌桨 S=14	2	304	16	32	
5		夹套筒体2800×8	1	Q235-A	1712	1712	L≥3100
4		筒体DN2600×12	1	304	2642	2642	L=3400
3		支脚φ325×12	4	20#	100	400	L=1200
2		DHB封头DN2800×8	1	Q235-A	510	510	
1	JB/T4746-2002	DHB封头DN2600×12	1	304	790	790	

件号	图号或标准号	名称	数量	材 料	单重/kg 总重/kg	备注
制图					图号 09-03-02	
校对					总重	
审核		20m³反应罐			比例 0.08/1	

接管与筒体焊接 不按比例
壳体对接接头 不按比例

GRF167-10.19-75kW防爆

图 2-1 化工设备图示例

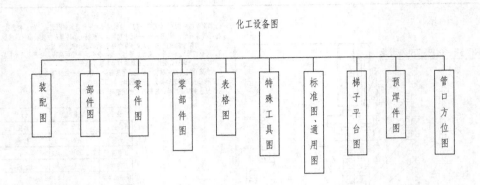

三、化工设备图的作用与内容

(1) 化工设备图的作用 化工设备图用以表达设备零部件的相对位置、相互连接方式、装配关系、工作原理和主要零件的基本形状。化工设备图应用在设备的加工制造、检测验收、运输安装、拆卸维修、开工运行、操作维护等生产工作过程中。

(2) 化工设备图的内容 化工设备图如图 2-1 所示，包括：①一组视图；②尺寸标注；③化工表格〔管口表（接管表）、技术特性表〕；④技术要求；⑤标题栏、序号、明细表与机械图基本相同。

第二节 典型的化工设备

一、容器

主要用来储存原料、中间产品和成品等。按形状分为圆柱形、球形等，圆柱形容器应用最广，图 2-2 所示为圆柱形容器。化工生产中所用压力容器的设计、制造需要依据 GB 150.1～150.4—2011 标准。立式圆筒形钢制焊接储罐的安全技术规范参见标准 AQ 3053—2015；钢制球形储罐的设计及制造需依据 GB 12337—2014 标准。

二、换热器

主要用来使两种不同温度的物料进行热量交换，以达到加热或冷却的目的，按用途分为加热器、冷却器、冷凝器、蒸发器和再沸器，按冷热流体热量交换方式可分为混合式、蓄热式和间壁式。其中间壁式换热器使用最为广泛，该类换热器又可分为板式换热器、夹套式换热器、沉浸式蛇管换热器、喷淋式换热器、套管式换热器、管壳式换热器。管壳式换热器也称为列管式换热器，结构紧凑，换热效率高，经常被工业生产采用。依据构造差异，管壳式换热器又可分为固定管板式换热器、浮头式换热器、U 形管式换热器、涡流热膜换热器。固定管板式换热器的基本形状如图 2-3 所示。管壳式换热器的标准较多，除依据 GB 151—2014 外，设计、制造者需要依据：JB 1145—1973《列管式固定管板换热器 型式与基本参数》、HG 5 1320—1980《列管式石墨换热器》、JB/T 7356—2005《列管式油冷却器》、HG/T 3112—2011《浮头列管式石墨换热器》、HG/T 4172—2011《管壳式聚四氟乙烯换热器》、HG/T 4585—2014《化工用塑料衬里列管式换热器》。

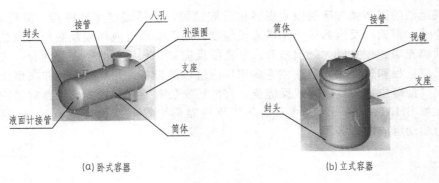

(a) 卧式容器　　　　　　　　　　(b) 立式容器

图 2-2　圆柱形容器

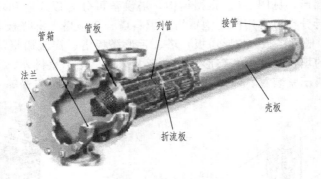

图 2-3　固定管板式换热器

三、反应器

　　主要用来使物料在其中进行化学反应，生成新的物质，或者使物料进行搅拌、沉降等单元操作。反应器类型包括：①管式反应器。由长径比较大的空管或填充管构成，主要用于均相的气相或液相反应。②釜式反应器。由长径比较小的圆筒形容器构成，常装有机械搅拌或气流搅拌装置，可用于均一液相反应和液-液、气-液、气-液-固等多相反应过程，用途十分广泛，图 2-4 所示即为搅拌式反应器及内部结构。③床层式反应器。气体或（和）液体通

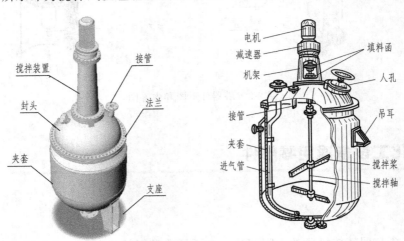

图 2-4　搅拌式反应器及内部结构图

过固定的或运动的固体颗粒床层以实现多相反应过程，包括固定床反应器、流化床反应器、移动床反应器、涓流床反应器等。④塔式反应器。用于实现气液相或液液相反应过程的塔式设备，包括填充塔、板式塔、鼓泡塔等。⑤喷射反应器。利用喷射器进行混合，实现气相或液相单相反应过程和气液相、液液相等多相反应过程的设备。⑥其他多种非典型反应器。如回转窑、曝气池等也称为反应罐或反应釜，有的还安装有搅拌装置。反应器的结构需要查阅相关规范，如 SH/T 3066—2005《石油化工反应器再生器框架设计规范》、HG/T 3648—2011《磁力驱动反应釜》等等。

四、塔器

塔设备长径比较大，广泛用于吸收、洗涤、精馏、萃取等化工单元操作，多为立式设备，其断面一般为圆形，见图 2-5。根据结构，塔设备可分为板式塔和填料塔两类。板式塔依据塔板不同而进行分类，常用的有泡罩塔、填料塔、筛板塔、淋降板塔、浮阀塔、凯特尔塔（Kittel tower）、槽形塔板（S形塔板）塔、舌形塔板塔、穿流栅板塔、转盘塔以及导向筛板塔等。填料塔的填料有环形、鞍形、环鞍形及球形，除了填料外，填料塔的内件主要有填料支承装置、填料压紧装置、液体分布装置、液体收集再分布装置等。

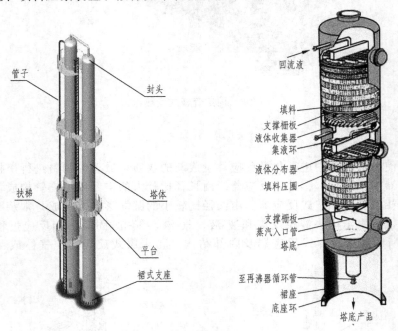

图 2-5　塔器外形图和内件图

第三节　化工设备通用零部件

一、简体

简体是大多数回转体设备的中间部分，主要尺寸是直径、高度（或长度）和壁厚，公称直径应符合 GB/T 9019—2015 尺寸系列。

圆筒的公称直径用内径尺寸表示，其选择系列参照本书附表。

标记示例： 公称直径 1000mm，壁厚 10mm，高 2000mm 的筒体标记为

$$DN1000 \times 10H = 2000 \ GB/T \ 9019—2015$$

二、封头

常见的封头形式有椭圆形（EHA、EHB）、碟形（DHA、DHB）、折边锥形（CHA、CHB、CHC）及球冠形（PSH），如图 2-6、图 2-7 所示为其结构。

封头标记为：

封头类型代号　公称直径×封头名义厚度-封头材料牌号　标准号。

标记示例： 公称直径 325 mm、名义厚度 12 mm、材质为 16MnR、以外径为基准的椭圆形封头标记为

$$EHB325 \times 12\text{-}16MnR \quad JB/T \ 4746—2002$$

1. 半球形封头

半球形封头由半个球壳组成，尺寸较小（直径、壁厚）时可以采用整体热压成形加工技术，大尺寸的则采用分瓣冲压、焊接组合的加工技术，其厚度 S 的计算公式如下：

$$S = \frac{p_c D}{4[\sigma]^t \varphi}$$

式中，p_c 为封头的内计算压力；D 为直径；$[\sigma]^t$ 为材料允许最大应力；φ 为焊缝系数。

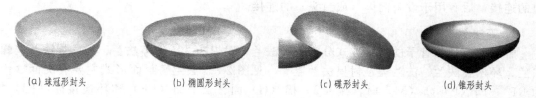

(a) 球冠形封头　　(b) 椭圆形封头　　(c) 碟形封头　　(d) 锥形封头

图 2-6　各类封头

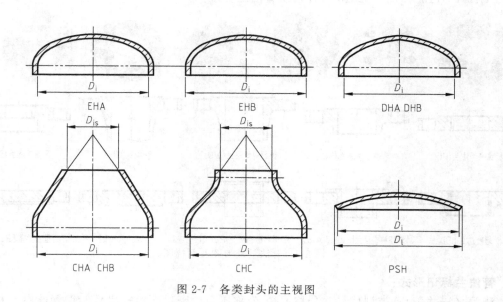

EHA　　　　EHB　　　　DHA DHB

CHA CHB　　　　CHC　　　　PSH

图 2-7　各类封头的主视图

2. 椭圆形封头

椭圆形封头一般用于换热器、反应器等设备，是化工设备中较常用的封头，和球形封头相比，椭圆形封头多了直边段。较小的椭圆形封头可热压成形或铸造加工，其厚度计算公式为：

$$S = \frac{p_c D}{2[\sigma]^t \varphi}$$

式中，各项含义同半球形封头，只是 D 指的是封头内轮廓线的长轴长度。

3. 碟形封头

碟形封头又称为带折边的球形封头。由大曲率球面、圆筒直边以及小曲率过渡边组成。碟形封头为一个连续曲面，在三部分连接处，经线曲率半径有突变，与椭圆形封头相比，应力分布不如其均匀，但加工较之容易。

4. 锥形封头

锥形封头常用于立式容器的底部，利于卸料，一般直接与筒体焊接。该类封头可分为不带折边的锥形封头和带折边的锥形封头两种结构。若不带折边，与筒体焊接时将存在较大的边界应力，这时往往需要加厚。

三、法兰

化工设备用的标准法兰有两类：管法兰和压力容器法兰（又称设备法兰）。前者用于管道的连接，后者用于设备筒体（或封头）的连接。

1. 管法兰

管法兰按其与管子的连接方式分为平焊法兰、对焊法兰、整体法兰、承插焊法兰、螺纹法兰、环松套法兰、法兰盖、衬里法兰盖等，见图 2-8。法兰密封面形式主要有突面（代号为 RF）、凹（F）凸（M）面、榫（T）槽（G）面、全平面（FF）和环连接面（RJ）等，见图 2-9。管法兰标准较多，绘图或设计需依据 GB/T 9112—2010《钢制管法兰　类型与参数》、GB/T 9113～9125—2010 各种钢制管法兰标准。

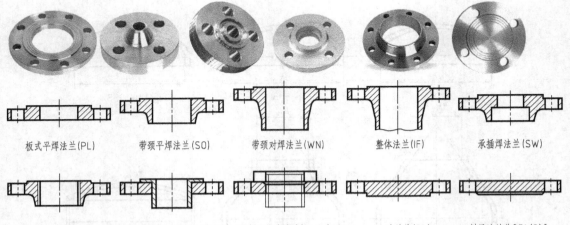

板式平焊法兰(PL)　　带颈平焊法兰 (SO)　　带颈对焊法兰(WN)　　整体法兰(IF)　　承插焊法兰(SW)

螺纹法兰(IF)　　对焊环松套法兰[PL/ W-A(B)]　　平焊环松套法兰(PL/ C)　　法兰盖(BL)　　衬里法兰盖[BL(S)]

图 2-8　管法兰外形图及剖视图

管法兰标记形式：

法兰（法兰盖）　类型代号　公称通径-公称压力　密封面形式代号　钢管壁厚　材料牌

号　标准号

标记示例：公称通径 1200mm、公称压力 0.6MPa，配用米制管的突面板式平焊钢制管法兰，材料为 Q235A，其标记为

法兰　PL1200-0.6RFQ235A　HG 20592—2009

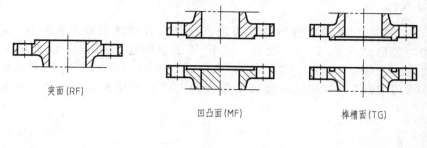

突面(RF)　　凹凸面(MF)　　榫槽面(TG)

全平面(FF)　　环连接面(RJ)

图 2-9　法兰密封面形式

2. 压力容器法兰

压力容器法兰分为甲型平焊法兰、乙型平焊法兰和长颈对焊法兰三种。压力容器法兰密封面形式分为：平面（RF）、榫（T）槽（G）面、凹（F）凸（M）面三种。

标记示例：公称压力 1.60 MPa，公称直径 800mm 的榫槽密封面乙型平焊法兰的榫面，标记为

法兰　T800-1.60　NB/T 47022—2012

四、支座

支座是用来支承容器及设备重量，并使其固定在某一位置的压力容器附件。在某些场合还受到风载荷、地震载荷等动载荷的作用。可分为以下两类：

① 立式支座：耳式支座；支撑式支座；腿式支座；裙式支座。

② 卧式支座：鞍式支座；圈式支座；支腿支座。

标准 JB/T 4712.1～4-2007 对容器支座进行了规范化。支座的代号标记举例如下：

（1）耳式支座　图 2-10（a）所示为耳式支座。

标记示例：A 型 3 号耳式支座，支座材料为 Q235AF，标记为

JB/T　4712.3—2007，耳式支座 A3-Q235AF

（2）鞍式支座　同一直径的鞍式支座［图 2-10（b）］分为 A 型（轻型）和 B 型（重

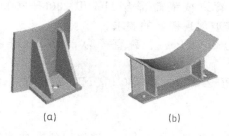

(a)　　　　　(b)

图 2-10　支座

型），每种类型又分为 F 型（固定式）和 S 型（滑动式）。

标记示例：公称直径 DN1200，轻型，滑动式不带加强垫板的鞍式支座标记为

JB/T 4712.1—2007，鞍座 A 1200-S

五、手孔与人孔

在化工装置中，凡是需要进行内部清理、检修或有特殊加料要求的容器，必须开设手孔与人孔，其形式见图 2-11。设计、选用和制造时应该依据 HG 21594～21604—2014《不锈钢人、手孔》、HG/T 21514～21535—2014《钢制人孔和手孔的类型与技术条件》、HG/T 2055.2—2013《搪玻璃带视镜人孔》等相关标准文件，见附录的标准查询表。

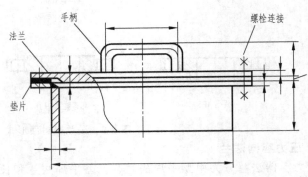

图 2-11　人孔或手孔

标记示例：公称直径 DN450，采用 2707 耐酸、碱橡胶板垫片的碳素钢常压人孔，其标记为

人孔（R·A-2707)450　HG21515—2014

公称压力 PN0.6、公称直径 DN200、$H_1=190$mm、采用 II 类材料，其中垫片采用石棉橡胶板垫的板式平焊法兰手孔，其标记为

手孔 II（A·G）200-0.6　HG 21529—2014

六、视镜

化工设备的视镜主要指的是压力容器视镜，是用来观察化工、石油、化妆、医药及其他工业设备容器内介质变化情况的一种产品。现场操作人员可以根据视镜显示的情况来调节或控制充装量，从而保证容器内的介质始终在正常范围内。液化气体储罐、槽车、气液相反应器、反应釜等容器都需要装设视镜，以防止因超装过量而导致事故或由于投料过量而造成物料反应不平衡的现象。选用视镜时依据的标准包括 HG/T 2144—2012《搪玻璃设备——视镜》、NB/T 47017—2011《压力容器视镜》，所用的玻璃需符合 GB/T 23259—2009《压力容器用视镜玻璃》的要求。管道视镜需符合 HG/T 3206—2009《石墨管道视镜》、HG/T 4284—2011《压力管道硼硅玻璃视镜》的要求。

标记示例：公称压力为 0.6MPa，公称直径为 80mm 的碳钢（I）制视镜（图 2-12），其标记为

视镜 PN0.6　DN80 I，NB/T 47017—2011

七、液面计

液面计结构有多种形式，如图 2-13 所示，最常用的有玻璃管（G 型）液面计、透光式

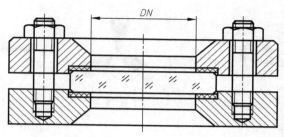

图 2-12　视镜

（T 型）玻璃板液面计、反射式（R 型）玻璃板液面计，其中部分已经标准化，设计者在选用时请查看 HG 21592—1995《玻璃管液面计标准系列及技术要求》、HG 21588—1995《玻璃板液面计标准系列及技术要求》、HG 21591—1995《视镜式玻璃板液面计》等相关标准。

　　标记示例：公称压力 1.6MPa、碳钢（Ⅰ）保温型（W）法兰标准为 HGJ 46（A）公称长度 L＝500mm 的玻璃管（G）液面计标记为：

　　液面计　　AG1.6-ⅠW-500　　HG 21592—1995

(a) 玻璃管式　　　　　　　　　　(b) 玻璃板式

图 2-13　玻璃液面计

八、设备中常用零部件

（一）反应罐中的常用零部件

　　工业上应用的搅拌釜式反应器有成百上千种，按反应物料的相态可分成均相反应器和非均相反应器两大类。在非均相反应器内可实现固-液、液-液、气-液及气-液-固三相反应。这类反应器由搅拌器和釜体组成，见图 2-4。釜体包括筒体、夹套、盘管（加热）、导流筒等零部件。

1. 搅拌器

　　搅拌器是使液体、气体介质强迫对流并均匀混合的器件，包括传动装置、搅拌轴（含轴封）、叶轮（搅拌桨），见图 2-4。搅拌器的类型、尺寸及转速，对搅拌功率在总体流动和湍流脉动之间的分配都有影响。桨式、开启涡轮式、推进式、长薄叶螺旋桨式、圆盘涡轮式、布鲁马金式、板框桨式、三叶后弯式、MIG 式等叶轮适用于低黏和中黏流体，螺带式、螺杆式、锚式、框式、螺旋桨式等叶轮适用于高黏和特高黏流体，见图 2-14。

　　搅拌器的形式及主要参数可查询标准文件 HG/T 3796—2005/2006，标准 HG/T 2051.1~4—2013 中规定了多种形式的搪玻璃搅拌器，电动搅拌器标准请查询 JB/T 11510—2013。

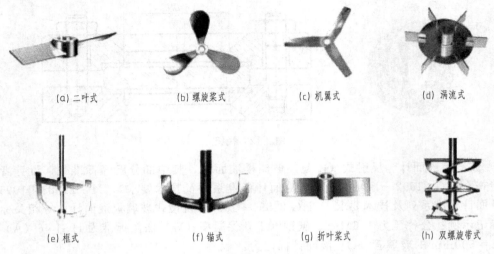

(a) 二叶式　　　　　(b) 螺旋浆式　　　　　(c) 机翼式　　　　　(d) 涡流式

(e) 框式　　　　　(f) 锚式　　　　　(g) 折叶桨式　　　　　(h) 双螺旋带式

图 2-14　搅拌器的结构

2. 机械密封

机械密封作为一种轴封装置，是旋转机械的最主要轴密封方式，比如用于离心泵、离心机、反应釜和压缩机等设备。它是由至少一对垂直于旋转轴线的端面在流体压力和补偿机构弹力（或磁力）的作用以及辅助密封的配合下保持贴合，并相对滑动而构成的防止流体泄漏的装置，又叫端面密封，如图 2-15 所示，由密封圈、弹簧、动环、静环等组成。

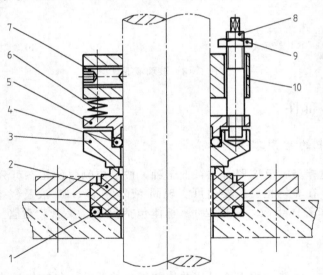

图 2-15　机械密封的结构

1—静环密封圈；2—静环；3—动环；4—动环密封圈；5—推环；
6—弹簧；7—紧定螺钉；8—传动螺钉；9—螺母；10—弹簧座

机械密封的形式及主要参数查询 GB/T 24319—2009《釜用高压机械密封技术条件》、JB/T 4127.1—2013《机械密封　第 1 部分：技术条件》、JB/T 4127.2—2013《机械密封　第 2 部分：分类方法》、HG/T 2057—2011《搪玻璃搅拌容器用机械密封》、HG/T 2098—2011《釜用机械密封类型、主要尺寸及标志》、HG/T 4571—2013《医药搅拌设备用机械密封技术条件》、JB/T 11957—2014《食品制药机械用机械密封》。

（二）换热器中的常用零部件

常见的列管式换热器包含壳体、封头、管板、法兰、管口、膨胀节、散热管、折流板、支座等零部件，见图2-16。

（1）管板　管板用来固定各热交换管的重要部件，其开孔方式包括正三角形、转角正三角形、正方形、转角正方形等，见图2-17。

（2）折流板　折流板设置在壳程，它可以提高传热效果，还起到支撑管束的作用。其结构型式有弓形和圆盘－圆环形两种，目前应用最广泛的是弓形折流板，见图2-18。

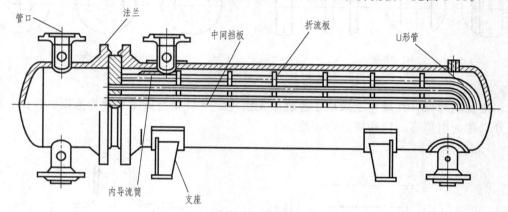

图 2-16　列管式换热器的零部件

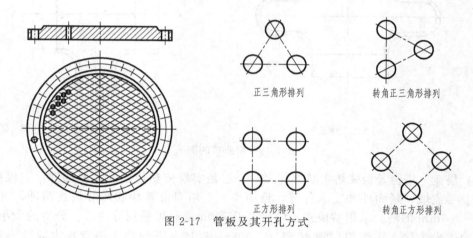

图 2-17　管板及其开孔方式

（3）膨胀节　膨胀节是装在固定管板式换热器壳体上的挠性部件，用以补偿由于温差引起的变形。最常用的膨胀节为波形膨胀节，其图示如图2-19所示。标准GB/T 12777—2008中规定了金属波纹管膨胀节通用技术条件，SH/T 3421—2009规定了金属波纹管膨胀节设置和选用通则，不锈钢波形膨胀节的标准见GB/T 12522—2009，另外，也有多层金属波纹管膨胀节，其参数见JB/T 6171—2013。

（三）塔设备常用零部件

塔设备通常分为板式塔和填料塔两大类，如图2-20所示。板式塔主要由塔体、塔盘、裙座、除沫装置、气液相进出口、人孔、吊柱、液面计（温度计）等零部件组成。为了改善

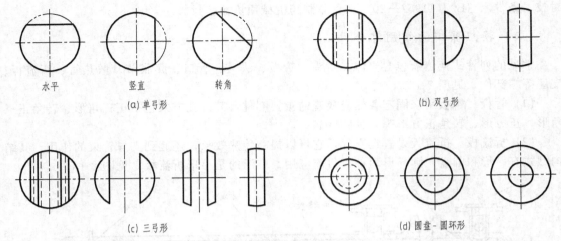

(a) 单弓形

水平　　　　竖直　　　　转角

(b) 双弓形

(c) 三弓形

(d) 圆盘-圆环形

图 2-18　折流板的结构型式

气液相接触的效果，在塔盘上采用了各种结构措施。当塔盘上传质元件为泡罩、浮阀、筛孔时，分别称为泡罩塔、浮阀塔、筛板塔。

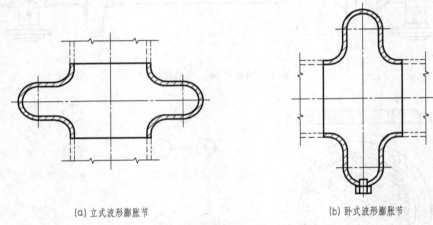

(a) 立式波形膨胀节

(b) 卧式波形膨胀节

图 2-19　膨胀节的图示

（1）塔盘　塔盘是板式塔主要部件之一，它是实现传热传质的主要部件，它包括塔板、降液管及溢流堰、紧固件和支承件等，见图 2-21。塔盘分整块式和分块式两种，一般塔径为 300～800mm 的塔，采用整块式；塔径大于 800mm 时可采用分块式。分块的大小，以能在人孔中进出为限。详细规定请查 SH/T 3088—2012《石油化工塔盘技术规范》和 JB/T 1205—2001《塔盘技术条件》。

（2）栅板　栅板是填料塔中的主要零件之一，它起着支撑填料环的作用。栅板分为整块式和分块式。当塔直径小于 500mm 时，一般使用整块式；塔直径为 900～1200mm 时，可分成三块；直径再大，可分成宽 300～400mm 的更多块，以便装拆及进出人孔。其结构见图 2-22。其具体要求见 YB/T 4001.1—2007《钢格栅板及配套件　第 1 部分：钢格栅板》。

（3）裙式支座　简称裙座，是塔设备的主要支承形式。裙式支座的形式有两种：圆筒形和圆锥形。圆筒形裙座的内径与塔体封头内径相等，制造方便，应用较为广泛；圆锥形承载能力强、稳定性好，对于塔高与塔径之比较大的塔特别适用。

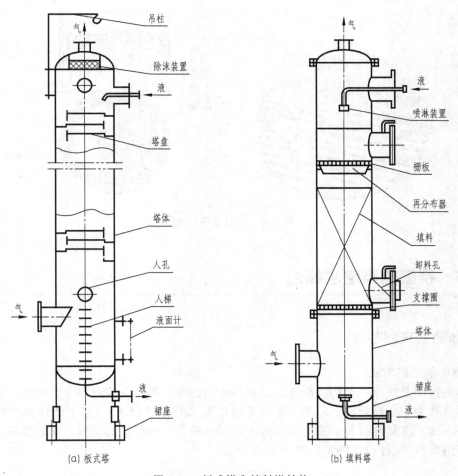

图 2-20　板式塔和填料塔结构

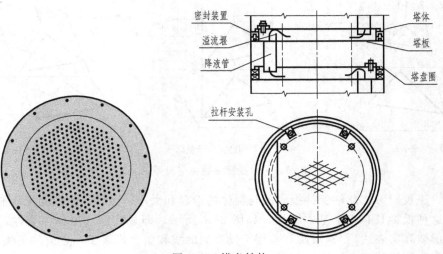

图 2-21　塔盘结构

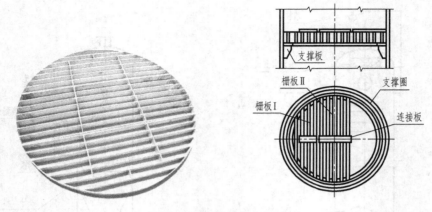

图 2-22　栅板结构与视图

第四节　视图的类型与标注

一、物体的三视图基础

1. 物体的投影方式

物体的视图是按照一定的投影方式获得的平面图形，投影方式可以分为两种：基于电光源的投影（称为中心投影法）和基于平行光的投影（平行投影法）。前者物体和投影的大小无法保持一致，度量性很差；后者又分为正投影（垂直于投影面的投影）和斜投影（与投影面成一定角度），三种投影的情形如图 2-23 所示。

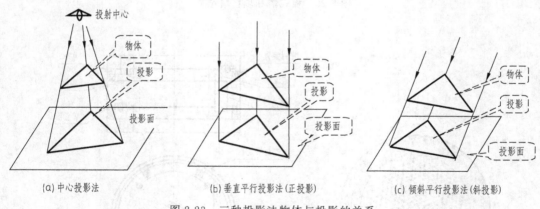

(a) 中心投影法　　　　(b) 垂直平行投影法 (正投影)　　　　(c) 倾斜平行投影法 (斜投影)

图 2-23　三种投影法物体与投影的关系

显然，正投影方式能够保持投影面与物体的形状和大小一致性，因此是工程制图中采用的方式。这种投影具有三个基本特性，如图 2-24 所示，即显实性（也称存真性，平行于投影面的图形被真实表达）、积聚性（垂直于投影面的线和面会积聚于一点或一条线段）、类似性（与投影面倾斜的面和线产生变形，但有类似性）。

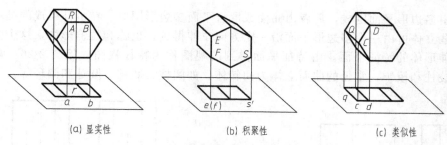

| (a) 显实性 | (b) 积聚性 | (c) 类似性 |

图 2-24　正投影的三个基本特性

2. 物体的三视图

由正投影在投影面上得到的图形称为物体的视图。在满足表达完整的条件下，视图的数量应该最少。一般选择三个互相垂直的投影面表达一个物体的结构。如果将空间分为八个分角（第一章所述），各分角出现三个互相垂直的平面，以这三个平面作为投影面，则形成物体的三视图。采用的分角不同，视图的类型会有所差异。我国采用第一角画法，即将物体置于第一分角内，并使其处于观察者与投影面之间，得到三面正投影视图，分别是：主视图、左视图、俯视图。将三个视图在同一平面展开，得到平面图纸中的三个视图，见图 2-25。

这三个视图在长宽高三个方向具有重要的对应关系：主俯视图在长的方向上下对正（等长），主侧视图在高度方向平齐（等高），俯左视图在宽度方向一致（等宽），简称为："长对正、高平齐、宽相等"。依据这些对应关系，可以由两个已知视图绘制出第三个视图。

3. 三视图画法

将物体自然放平，一般使其主要表面与投影面平行或垂直，应用投影特性和三等规律绘制物体的三视图。绘制时，可见轮廓线要用粗实线，不可见的轮廓线使用虚线，当虚线与实线重合时，只画实线；有对称轴的结构，用点画线绘出表示对称结构。应注意俯、左视图宽相等和前、后方位关系，注意图线的格式要求（见第一章）。

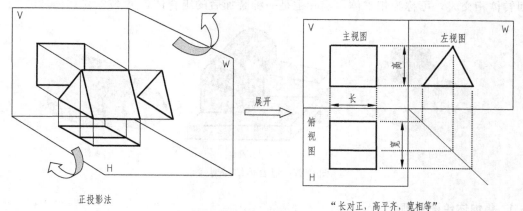

图 2-25　物体三视图及其对应关系

二、不同形体的视图特点

（一）平面立体和曲面立体

1. 结构分析

对机械设备、建筑物等的立体结构进行分割，可得到基本形体，即平面立体和曲面立体。前者由多边形平面围成，后者由曲面或混合平面多边形围成。在机件组成的基本结构单元中，这些立体可由一个多边形平面沿一定方向拉伸得到，也称为**拉伸形体**，这个多边形平面成为拉伸形体的特征平面，由特征平面得到的视图称为特征视图，见图 2-26。常见的平面立体是棱柱和棱锥，常见的曲面立体为回转体，如圆柱、圆锥、圆球和圆环等。

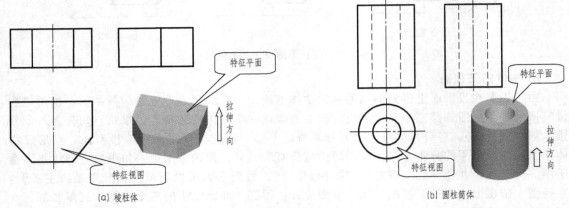

图 2-26　拉伸形体的三视图

2. 拉伸形体绘图方法

对于拉伸形体，应该确定投影方向后，首先绘制特征视图，然后依据三视图关系，绘制其他视图。

（二）组合体

通常把由基本形体组合而成的物体称为组合体，其形成方式通常分为叠加和截切两种。两回转体相交时，可称为相贯体，实际也是一种叠加后的组合体，见图 2-27。

图 2-27　组合体结构型式

1. 叠加体绘图要领

根据组合体的形状，将其分解成若干部分，弄清各部分的形状和它们的相对位置及组合方式，分别画出各部分的投影。绘图时要先确定基准线，分清主次，分析及正确表示各部分形体之间的表面过渡关系（**特别注意：叠加体表面平齐或相切时，接触处不画线**）。

2. 相贯体

立体相交时组成的组合体称为相贯体，各部分接合处以相贯线体现在视图上。绘制相贯线时必须注意以下几个特点：①相贯线是相交两立体表面共有点组成的线，此线为两立体表面所共有；②一般情况下相贯线是封闭的空间曲线，特殊情况下也可以是平面曲线或直线；

③相贯线的形状与两立体的形状及两立体的相对位置有关。由于平面立体与平面立体相交或平面立体与曲面立体相交，都可以理解为平面与平面立体或平面与曲面立体相交的截交情况，因此，相贯的主要形式是曲面立体与曲面立体相交。最常见的曲面立体是回转体。

（1）正交两圆柱相贯线的基本形式　两物体中心线相互垂直相交于一点时，称为正交。如图2-28所示为两个圆柱正交时的相贯线形式。在正交状态下，内部及外部相贯线都是封闭的曲线，在主视图上可见，曲线向直径较大的圆柱弯曲，弯曲程度与是否正交及两个圆柱的直径大小有关。当正交的两个圆柱体直径逐渐增大到1∶1时，相贯线过渡为两个椭圆，在主视图上显示为两条交叉的直线，见图2-29。

（2）非正交圆柱相贯线形式　当两个圆柱偏心相交时，主视图前后均应画出相贯线（不可见的部分画为虚线），见图2-30。两圆柱轴线平行时，平行于轴线的相贯线为直线，俯视图上相贯线是一段圆弧（圆柱外轮廓的一部分）。当回转体同轴叠加时，相贯线是垂直于轴线的圆。

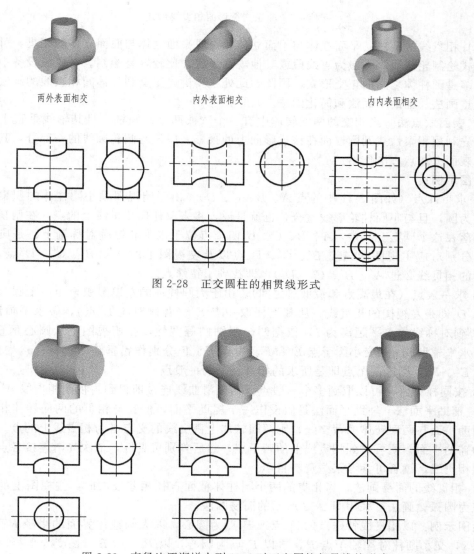

两外表面相交　　　　　内外表面相交　　　　　内内表面相交

图 2-28　正交圆柱的相贯线形式

图 2-29　直径比逐渐增大到 1∶1 时正交圆柱相贯线的形式

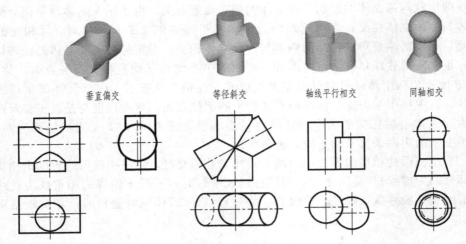

图 2-30 非正交情形的相贯线形式

(3) 相贯线的画法 平面立体与平面立体相交或平面立体与曲面立体的相贯，可以按照截切方式绘制轮廓线，一般为直线段或其他规则形状，比较容易绘制。在机械设备中常见的相贯体多是圆柱体之间的正交形式，因此，此处主要讲述正交圆柱体间相贯线的画法，包括表面取点画法、辅助平面法和简化画法。

1) 表面取点法 当相交的两回转体中有一个（或两个）圆柱，且其轴线垂直于投影面时，首先利用积聚性找到圆柱面在该投影面上的投影，应该是圆轮廓线的一部分，其他投影可根据表面上取点方法作出。

绘图示例：

① 求特殊点（如图 2-31 中的点 A、B、C、D）。由于俯视图是小圆柱体的积聚面，则相贯线为圆，且与小圆柱轮廓线重合，也就是说，将来取任何相贯线上的点，在俯视图上对应点都落在这个圆上。其中，A、B、C、D 四个点位于水平和铅垂对称轴上，是典型的特殊点，分别对应主视图的 A'、B'、C'、D' 点以及左视图上的 A''、B''、C''、D'' 点，这样，主视图的相贯线必过 A'、B'、C'（D'），即找到了特殊点。

② 求一般点（在最高点和最低点之间）。由于大圆柱体的左视图积聚为一个圆，可知圆弧 $C''A''D''$ 即是左视图的相贯线。从其上任取一点 E''（背侧对应 F'' 点），做水平辅助线 p，量取 E'' 到对称线的水平距离为 l，依据两个视图的等宽性，在俯视图上从圆心垂直量取 l 长，做水平辅助线 q，交小圆于点 E 和 F。由点 E、F 分别作铅垂辅助线 m、n，交辅助线 p 于点 E'、F'，则这两个点即是所求的相贯线上的一般点。

③ 按同样方法，可以取到多个一般点，用光滑曲线连接即得到主视图相贯线 $A''C''B''$。

2) 辅助平面法 辅助平面法是假设作一个辅助平面，使其与相贯的两回转体相交，先求出辅助平面与两回转体的截交线，则两回转体上截交线的交点必为相贯线上的点。若作一系列的辅助平面，便可得到相贯线上的若干点，然后判别可见性，依次光滑连接各点，即为所求的相贯线，读者可参考某些资料自学。

3) 相贯线的简易画法 当相贯的两个圆柱体截面直径相差较大时，主视图上的相贯线可近似为圆弧，画法可采用图 2-32 所示的简易画法。

绘图示例：以相贯线特殊点的 A 点或 B 点为圆心，以大圆柱体界面的半径 R 为半径，做圆弧 s，交小圆柱对称轴于点 P，再以 P 点为圆心，以 PA（PB）长度为半径，画圆弧连接 A、B 点，则弧 ACB 即为主视图的相贯线（属于可见轮廓线时，要用粗实线）。

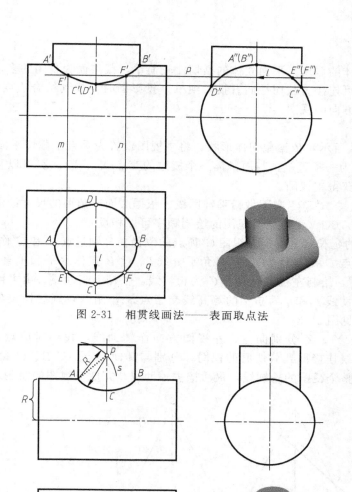

图 2-31　相贯线画法——表面取点法

图 2-32　相贯线简易画法

4）AutoCAD 绘制相贯线　手工绘制相贯线、截交线及其他曲线的麻烦在于，要找特殊点和一定数量一般点，而且连出的曲线误差大。用 AutoCAD 绘制平面曲线或空间曲线就非常容易。

【利用 AutoCAD 绘图相贯线示例】

方法一：正常绘制视图其他线，找到相贯的特殊点，用 Pline 命令画 2D 图形上通过这些特殊点的折线，经 Pedit 命令中 Fit 或 Spline 曲线拟合，可变成光滑的平面曲线。在三维绘图中，用 3Dpoly 命令画出 3D 图形上通过特殊点的折线，然后使用 Pedit 命令中 Spline 曲线拟合，可变成光滑的空间曲线。

方法二：首先用 Solids 命令创建三维基本实体（如长方体、圆柱、圆锥、球等），再经 Boolean（布尔）组合运算，通过交、并、差和干涉等获得各种复杂实体，然后利用下拉菜单 View（视图）/3D Viewpoint（三维视点），选择不同视点来产生标准视图，得到曲线的不同视图投影。

3. 截切体

（1）平面立体的截切　平面立体的截切比较简单，截平面为封闭的多边形，找到多边形的各个顶点，即可连接为截切平面。投射到三个投影面时，找到结合边或结合顶点的位置，绘制出截平面各方向的视图。

绘图示例：

① 如图 2-33 所示，依据截切体形状，将主视图设置为垂直于截切平面 p 的方向，则平面 p 在主视图上为一条直线，与原锥体三个棱边的交点 X'、Y'、Z' 可以直接量取获得，用粗实线连接，即获得主视图。

② 由顶点 A'、B'、C' 向下做铅垂辅助线，依据底面三角形的尺寸绘制俯视图的外轮廓线，得到三角形 ABC（注：主俯视图的绘制顺序可以相反）。

③ 在 $A'B'$ 的延长线上自定左视图 C'' 顶点的位置，分别过点 C 和 C'' 作水平线和铅垂线，相交于点 D，过点 D 做直角 CDC'' 的外角平分线 l，过 B 点作水平和垂直辅助线 m、n，得到 B 的对映点 B''，绘制左视图底边 $B''C''$ 为粗实线，依据等高性质，由主视图顶点 S' 在俯视图对应的 S 作辅助线 p 和 q，与 S' 的等高线交于点 S''，用双点画线连接各个顶点，获得截切前的左视图。见图 2-33。

④ 过点 X'、Y'、Z' 分别向主、左视图方向作辅助线，找到对应点 X、Y、Z 和 X''、Y''、Z''，用粗实线连接得到截切面的视图，分别与其他顶点 A、B、C 和 A''、B''、C'' 用粗实线连接，得到整个视图的轮廓线，最后擦去辅助线，完成三视图的绘制，见图 2-34。

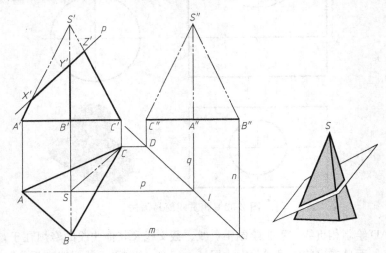

图 2-33　平面立体截切体的绘制（一）

（2）曲面立体的截切　曲面立体被一平面截切，截切面形状与立体的结构和截切的位置有关。规则回转体（圆柱、圆锥、圆台等）的截切面可以是矩形、圆、椭圆、三角形、双曲线、抛物线、梯形等。绘图时需要分析截切面的结构，找出截切线上的特殊点，依据三视图关系，找一些一般点的对应点，绘制截切面的轮廓线。

绘图示例：

如图 2-35 所示，过程为：

① 使主视图投影面与截平面 p 垂直，则该平面在主视图上积聚为一条直线（仍以 p 表示），在俯视图上为圆和线段 CE，主要很容易绘制出主视图和俯视图。从这两个视图可以看出截平面的特殊点应该包括 A、B、C、D、E 及其在其他视图的对应点。因此，接下来

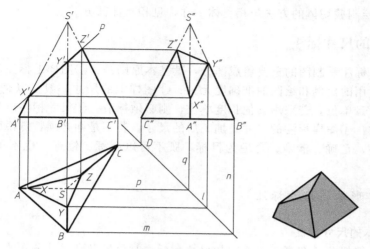

图 2-34 平面立体截切体的绘制（二）

的工作就是要依据三视图"等长、等高、等宽"的关系找到这些特殊点在左视图上的位置。

② 首先自定左视图底边线的起点，由这个起点和俯视图的最高点出发，分别画一条铅垂线和水平线，交于点 H，过 H 作直角的外角平分线 q，以此辅助线作为俯、左视图宽相等的对称线。

③ 由主视图的各个特殊点绘制水平辅助线，由俯视图各特殊点绘制以 q 线为对称轴的辅助线，找到在左视图的对应交点 A''、B''、C''、D''、E''，若截切面与水平呈 $45°$ 角，则左视图截切面是圆的一部分依据，依据特殊点即可绘制左视图，若不是此特殊角度，需要找一些一般点，进行光滑连接。

④ 找一般点：在主视图 A'、C' 之间可以任意找一般点，如 F'、G'，用找特殊点同样的方法，在左视图找到对应点 F''、G''。同理，可以找到多个一般点，将特殊点和一般点进行连接（曲线部分需要光滑连接），加粗轮廓线，即得到左视图。

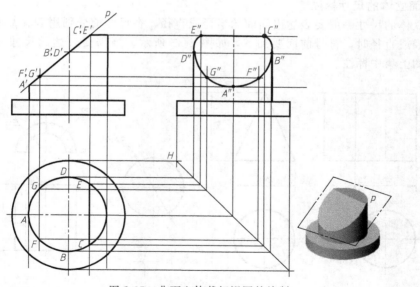

图 2-35　曲面立体截切视图的绘制

AutoCAD 绘制截切体的方法与相贯体一样，见相贯体部分。

三、不同形体的尺寸标注

物体的尺寸标注是制图的重要组成部分，其基本原则是：①图样上标注的尺寸是零件的实际尺寸，与所用的比例和绘图的准确度无关；②图样上的尺寸一般是以毫米（mm）为单位，但不标出计量单位，若采用其他长度单位，则必须标清；③尺寸标注以最小化为一个尺寸只能标注一次；④图样标注的尺寸是加工后的尺寸，若不是则必须特殊说明。总之，尺寸标注应该以完整、正确、清晰、合理为目标，既不可以漏标、错标，也不可以凌乱和重复标注。

（一）简单形体的尺寸标注

1. 平面立体的尺寸标注

平面立体一般标注长宽高三个方向的尺寸，标注时尽量做到尺寸分布均匀、清晰，靠近另一个相关视图，式样见图 2-36。

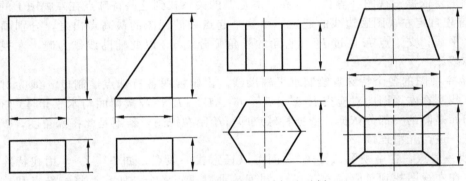

图 2-36　平面立体的尺寸标注示例

2. 曲面立体的尺寸标注

曲面立体的尺寸一般要表达出曲面的半径或直径，在尺寸前分别用 R、ϕ 表达。当表示球面的半径或直径时，符号前面要加 S，如图 2-37 所示。当需要表达的尺寸较少时，可只在一个视图上集中标注。

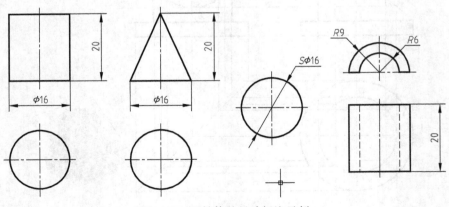

图 2-37　回转体的尺寸标注示例

（二）组合体的尺寸标注

标注组合体尺寸，需要三类尺寸，即：定型尺寸、定位尺寸和总体尺寸。三种尺寸相互结合，既要清晰，又要完整地表达一个组合体。组合体尺寸标注的步骤如下：

① 运用形体分析方法，将组合体分解为一些简单立体，以便确定出需要标注哪些定形尺寸（基本体形状和大小）；再进一步分析组合体的各组成形体之间的组合方式和相对位置，从而确定出需要标注哪些定位尺寸（即基本体之间相对位置的尺寸）。

② 选定 X、Y、Z 三个方向的主要尺寸基准，通常以机件的底面、端面、对称面和轴线作为基准。

③ 逐个标出各组成形体的定形尺寸和定位尺寸。

④ 将尺寸进行调整，标出总体尺寸，去掉多余尺寸。

⑤ 检查尺寸有无多余及遗漏；是否符合国标规定，尺寸布置是否合理，及时修改。

当然，先标注定形尺寸还是先标注定位尺寸，结果差别不大，可根据个人习惯和形体的具体情况确定。

1. 相贯体的尺寸标注

相贯体不但需要标注各基本体的形状大小，即定形尺寸，还需要标注各基本体的相对位置，即定位尺寸，但**不可以标注相贯线的尺寸**，见图 2-38。

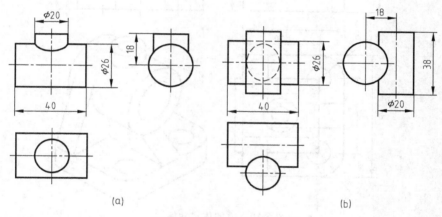

图 2-38　相贯体的尺寸标注

在图 2-38（a）中，处于竖直方向的圆柱体中心轴恰好是物体的对称线，因此不用表达长度方向上的定位尺寸，若非此情况，则需要标注长度方向上的定位尺寸。回转体的定位，应尽量采用其对称轴为尺寸基准线。

2. 其他组合体尺寸标注

对于叠加体，应该标注定型尺寸、定位尺寸和总体尺寸。这三类尺寸必须标注完全，不要有遗漏，也不要出现重复标注，以免影响图面的清晰程度或造成尺寸矛盾。为保证图面所注尺寸清晰，除严格遵守机械制图国标的规定外，须注意下列几点：

① 定形尺寸应尽量注在反映形体特征明显的视图上。

② 定位尺寸应尽量注在反映形体间位置特征明显的视图上，并尽量与定形尺寸集中标注在一起。

③ 尺寸应尽量注写在视图之外，只有当视图内有足够地方，能够清晰地注写尺寸数字

时，才允许注写在视图内。

④ 同轴的圆柱、圆锥的径向尺寸，一般注在非圆视图上，圆弧半径应标注在投影为圆弧的视图上，标注基准要有所选择，高度方向的基准一般选择主视图、左视图的底边；长度方向的基准选择主视图、俯视图的右侧边；宽度方向的基准一般选择俯视图上下轮廓线或左视图的左右外轮廓线。

⑤ 在尺寸排列上，为了避免尺寸线和尺寸界线相交，同方向的并联尺寸，小尺寸在内，靠近图形；大尺寸在外，依次远离图形。同一方向串联的尺寸，箭头应互相对齐，排在一直线上，如图 2-39 所示。

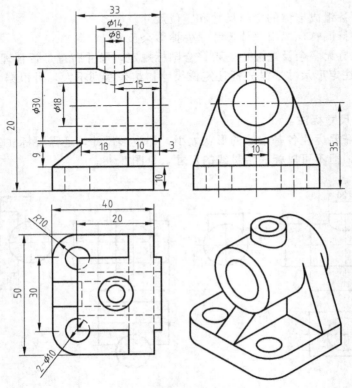

图 2-39　叠加体尺寸标注

四、轴测图

平面视图简单，尺寸清楚，但无法直观反应物体的外形。轴测图是一种单面投影图，是对平面视图的一个重要补充，能够在一个投影面上同时反映物体的三个坐标面形状，接近于人们的视觉习惯，形象、逼真，富有立体感。但轴测图一般不能反映出物体各表面的实形，因而度量性差，同时作图较复杂。因此，在工程上常把轴测图作为辅助图样，来说明机器的结构、安装、使用等情况，在设计中，用轴测图帮助构思、想象物体的形状，以弥补正投影图的不足。

1. 轴测图的表达参数

把空间物体和确定其空间位置的直角坐标系按平行投影法沿不平行于任何坐标面的方向投影到单一投影面上，得到轴测图。如图 2-40 所示，为一立方体的轴测投影图。其中，由

坐标轴 OX、OY、OZ 投影得到的 OX_1、OY_1、OZ_1，称为轴测轴；三个轴测轴之间的夹角称为轴间角。在轴测轴上物体的线段长度除以物体坐标轴上的对应线段长度，称为轴向变形系数，分别用 p、q、r 表示。例如：OY_1 轴向变形系数 $q = O_1B_1/OB$。

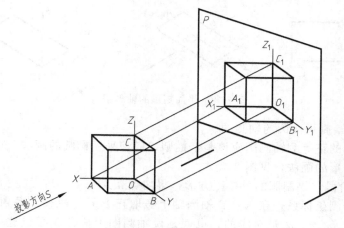

图 2-40　立方体的轴测投影

2. 常用的轴测图

投影方向不同，轴测图变形系数不同。按投影方向，常用的轴测图分为正轴测图和斜轴测图，其中最重要的是正等测图和斜二等测图两种，如图 2-41 所示。

（1）正等测　指的是投影 S 垂直于投影面，这时三个轴测轴间的夹角相等，都是 120°角。轴向变形系数 $p=q=r=0.82$，为便于作图，标准规定允许取 1。

（2）斜二等测图（简称斜二测）轴间角为 90°、135°、135°；轴向伸缩系数 $p=r=1$，$q=0.5$。图 2-40 即为斜二测轴测投影。

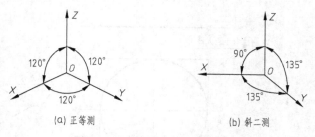

(a) 正等测　　　　(b) 斜二测

图 2-41　正等测和斜二测轴间角

轴测图的画法：

由物体的正投影绘制轴测图，是根据坐标对应关系作图，即利用物体上的点、线、面等几何元素在空间坐标系中的位置，用沿轴向测定的方法，确定其在轴测坐标系中的位置，从而得到相应的轴测图。

绘制轴测图的方法和步骤：

① 对所画物体进行形体分析，弄清原体的形体特征，选择适当的轴测图；

② 在原投影图上确定坐标轴和原点；

③ 绘制轴测图，画图时，先画轴测轴，作为坐标系的轴测投影，然后再逐步画出；

④ 轴测图中一般只画出可见部分，必要时才画出不可见部分。

绘图示例　绘制平面矩形的轴测图。

如图 2-42 所示，首先建立正等测投影坐标系，在 X 轴上截取 a 长度，得到截点 A、B；在 Y 轴上截取 b 宽度，得到截点 C、D，在轴上截取时起始点不限。过 A、B 截点作 Y 轴平行线，过 C、D 截点作 X 轴平行线，这 4 条线的交点即为矩形轴测图的四个顶点，用实线连接，去掉辅助线，完成作图。

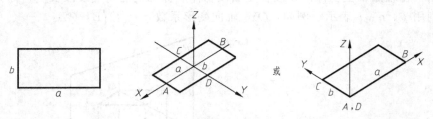

图 2-42　平面矩形的轴测图

绘图示例 2　绘制平面圆的轴测图。

分析：平面圆的正等测轴测图应该是个椭圆，应该采用椭圆的画法。在手工绘制时，多采用辅助外接正方形的画法，见图 2-43。

绘图：①S1 阶段，绘制圆的外接正方形，得切点 a、b、c、d；②S2 阶段，按照实例 1 的方法，绘制正等测坐标系，在 X、Y 轴测轴上截取正方形的边长，得到 4 个截点 A、B、C、D，与切点 a、b、c、d 是对应的，也就是说轴测图上椭圆线必过这 4 个截点。先过 4 个截点做 X、Y 轴的平行线，连接得到的交点，得到平行四边形，即为辅助正方形的轴测图；③S3 阶段，椭圆短轴方向的曲线可以由四边形顶点 I 和 II 作圆心，以到远处切点的长度为半径绘出；④S4 阶段，连接 I、II 顶点与远切点，得交点 III 和 IV，以这两点为圆心，以其到最近切点的长度为半径，画出长轴方向的两段圆弧，加深图线得到圆的轴测图。

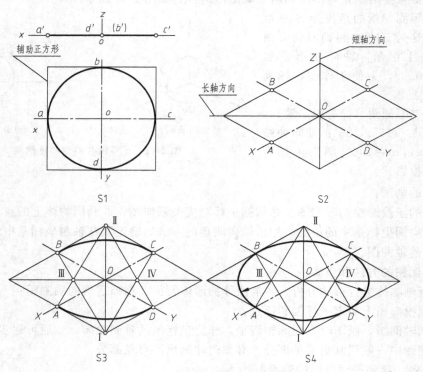

图 2-43　平面圆轴测图的绘制过程

绘图示例 3　绘制带圆角的正等测图。

如图 2-44 所示，平面投影中圆角为正常圆的一部分，由绘图示例 2 可知，在正等测图上应该是椭圆的一部分，最简化的画法是：①将圆角的直边延长，交于点 e、f，先在正等测坐标系中绘制矩形的轮廓线 $AEFD$；②确定 A、B、C、D 4 个切点的位置。因平面图中 a、b、c、d 为切点，因此只需要在轴测图上截取 $AE=ae$，$BE=be$，$CF=cf$，$DF=df$，得到 4 个切点；③过 A、B、C、D 作所在边的垂线，分别相交于点 O 和 O_1，以这两点为圆心，到对应切点长度为半径圆弧分别连接 A、B 和 C、D，加深图线，得到带有圆角的正等测图。

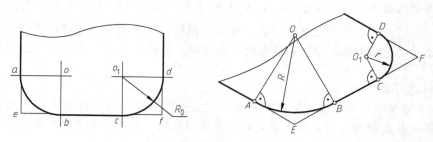

图 2-44　带圆角正等测图的绘制

绘图示例 4　绘制六棱柱的正等测图。

绘制立体正等测轴测图，首先将立体的特征平面表达在正等测坐标系内，如图 2-45 所示，将正六边形（设边长为 a）的一个平行于某边的对角线如 $A'D'$ 放在 X 轴上，即在 X 轴上截取 $2a$ 长得到 2 个截点 A、D；在 Y 轴上截取两平行边的距离，得到截点 G、H，过 G、H 画平行于 X 轴的直线，在直线上截取长度 a，得到截点 B、C、E、F，接下来，只需要连接 $ABCDEF$，得到六边形的正等测图。最后，只需要从可见棱边的 A、B、E、F 作铅垂线段，使线段长度等于棱柱高，连接得到的 4 个顶点，加深图线，即完成绘制。

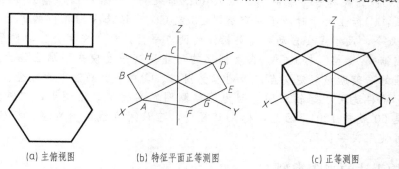

(a) 主俯视图　　　　(b) 特征平面正等测　　　　(c) 正等测

图 2-45　六棱柱的正等测视图绘制过程

【AutoCAD 绘制轴测图的方法】

一个实体的轴测投影只有顶部平面和左侧、右侧平面可见，一般将这三个面作为基准平面，并称之为轴测平面，也是制图的工作面，分别称为左轴测面、右轴测面和顶轴测面，每个工作面与两个轴测轴相关联。当在 AutoCAD 中激活轴测模式之后，就可以分别在这三个面间进行切换。如图 2-46 所示，在正等测体系，一个长方体在轴测图中的可见边与水平线夹角分别是 30°、90° 和 150°。左视图关联 y 轴和 z 轴，俯视图关联 x 轴和 y 轴，右视图关联 z 轴和 x 轴。

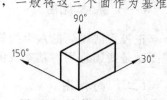

图 2-46　实体的轴测平面

绘图示例5

(1) 设置"等轴测捕捉/栅格"模式

在 AutoCAD 2014，选择菜单"工具"→"草图设置…"，选择"捕捉和栅格"选项卡，在"捕捉类型和样式中"选项组内，选择"栅格捕捉"样式为"等轴测捕捉"。这时，屏幕上的十字光标将由╋变为╳。

在命令行内输入命令"isoplane"，系统将提示"输入等轴测平面设置 [左（L）/上（T）/右（R）]："，可以方便地随意选择需要的视图，十字光标也依次变为╁、╳和╁。最快的方法是用 F5 键 或 Ctrl＋E 组合键，将按顺序编辑左视图、右视图、上视图（即俯视图）。

(2) 创建图形

通过 F8 或状态栏的"正交"按钮来选用"正交"状态，这样就可以在不同的面内划出平行于所在关联轴的线条，与平面投影上的绘图相同，从而很容易地创建等轴测图形。

(3) 标注

通过设置文字的旋转角度 Rotation（R）和倾斜角度 Obliquing（O），可使文字与所在轴测面的方向一致。因为等轴测平面的轴是 30°、90°和150°，旋转和倾斜角度需要设置为 30 或 330（即—30），所以只有四种 R/O 组合：30/30、330/330、330/30、30/330。

在标注尺寸时，需遵循尺寸线和所在平面的轴平行的原则，步骤为：①从菜单"标注"（"Dimension"）中选择"对齐"（"Alignd"）命令。②选择需要标注的两点，并拖放到合适的位置。③从菜单"标注"（"Dimension"）中选择"倾斜"（"Oblique"）命令，或从命令栏输入 Dimedit，再输入 O。④设置合适的倾斜角度。如果尺寸线要与 x 轴平行，倾斜角度为 330；如果要与 y 轴平行，输入 30；如果要与 z 轴平行，输入 90。

注意事项：①标注尺寸时，不一定要用 F5 或 Ctrl＋E 选择到相应的等轴侧面。因为使用 Alignd 命令，尺寸线会自动和需要标注的两点平行，尺寸文字会自动和尺寸线垂直。②在"等轴测捕捉/栅格"模式下，自动捕捉的功能没有平面模式下那么强大。若标注点不易捕捉，最好画辅助线确定交点，否则容易出错。③在平面画法中的直径、半径和角度的标注方法，不再适用于等轴测图。因为等轴测图其实也是二维图形，但其角度如 90°，在二维里不是 60°就是 120°。因此，标注直径时，应该用直线画出直径，标注两个端点；标注角度时可使用文字说明。

五、物体结构表达的视图类型

为了清晰表达物体的结构，只有三个基本视图往往是不够的，还需要各种辅助的表达方法。因此，在制图前，应该首先确定要使用哪些种类的视图。

（一）基本视图

正投影法得到的六个投影面上的视图都是基本视图（图 2-47），如主视图、左视图和俯视图，是我国常用的基本视图。

（二）向视图

当某视图不能按投影关系配置时，可按向视图绘制。如图 2-47 所示，向视图也是基本视图的一种表达形式，只是配置的方向比较随意，因此必须在主视图（一般选择主视图）附近用箭头指明投射方向，在箭头上注明大写英文字母来区分不同的向视图，并在对应向视图

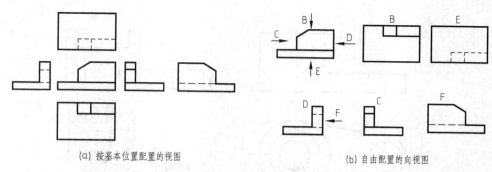

| (a) 按基本位置配置的视图 | (b) 自由配置的向视图 |

图 2-47　基本视图和向视图

的上方标注相同的字母。

（三）局部视图

局部视图只表达物体的某一部分向基本投影面投射所得的视图。因在绘制时可以放大，自由选择比例，局部视图成为表达局部结构的最常用手段。

绘制规则：①在基本视图上用带字母的箭头标记要表达的部位和投射方向，见图 2-48；②在局部视图上注明相同字母表示的视图名称，与基本视图的标记一一对应；③用波浪线表示局部视图的范围，只有当表示的局部结构有完整的且封闭的外轮廓时，波浪线才可以省略；④在视图配置上，局部视图既可以遵从基本视图的配置形式，也可依照向视图的配置形式。

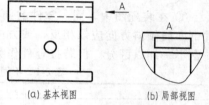

| (a) 基本视图 | (b) 局部视图 |

图 2-48　基本视图和局部视图

（四）剖视图 （GB/T 4458.6—2002）

当内部形状较复杂时，视图上将出现较多虚线，不便于看图和标注尺寸，见图 2-49。采用剖视图，假想用一个平面将物体剖开，则可以展示内部的结构。在图 2-49 中，用一个大的对称面剖开物体，则内部结构可以清晰地画出来，得到的视图属于剖视图。

1. 绘制剖视图的过程

① 确定剖切面的位置，在主视图上用剖切线表示（细单点长画线），用带有拐角的箭头表示剖切的方向，箭头旁注明剖切点字母符号。

② 想象移走的部分和剩余部分的剖面形状，依据剖切方向，正确绘制该部分的正投影视图，绘制剖面符号（一般以不同的线或图案填充），并在视图上方注明剖视图的名称（用剖切点符号组合注写，如 A—A，B—B 等）。

2. 注意事项

① 选择剖切平面时，尽量通过机件的对称面或轴线，而且要平行或垂直于投影面。

② 剖切只是一种假想，其他视图仍应完整画出，剖切面后方的可见部分要全部画出。

③ 在剖视图上已经表达清楚的结构，若在其他视图上的投影为虚线，则其虚线可以省略不画。但没有表示清楚的结构，允许画少量的虚线。

④ 剖面符号要依据材料的类型绘制，见表 2-1。不需在剖面区域中表示材料的类别时，剖面符号可采用通用剖面线表示。通用剖面线为细实线，最好与主要轮廓或剖面区域的对称

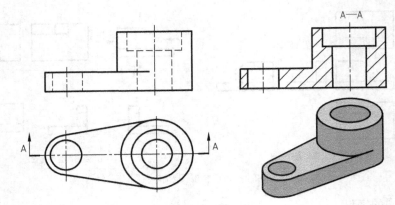

图 2-49　全剖视图

线成 45°角，但这些主要轮廓或对称线也是 45°方向时，剖面线可以采用 30°或 60°角绘制。

　　⑤ 在零件图中，剖面符号可以用涂色代替；同一物体的各个剖面区域，其剖面线画法应一致。

　　⑥ 在装配图中，同一零件的剖面线应该方向相同，间隔相等（即疏密一致）。邻接的零件剖面线倾斜方向应该相反，或方向相同而间隔不等，剖面符号相同的材料邻接，应该采用疏密不一加以区分。但若接合件作为整体再与其他零件接合，可以绘制同样的剖面线。

表 2-1　不同材料的剖面符号（GB 4457.5—2013）

材料种类	剖面符号	材料种类	剖面符号	材料种类	剖面符号
金属材料（已有规定剖面符号者除外）		非金属材料（已有规定剖面符号者除外）		基础周围的泥土	
线圈绕组元件		木质胶合板		混凝土	
转子、电枢、变压器和电抗器等的叠钢片		木材（纵剖面）		钢筋混凝土	
玻璃及供观察的其他透明材料		木材（横剖面）		型砂、填沙、砂轮、陶瓷及硬质合金刀片、粉末冶金等	
隔网（筛网及过滤网等）		液体		砖	

　　⑦ 若剖面宽度小于等于 2mm 时，可用涂黑代替剖面符号。但玻璃材料或一些不适宜的材料除外，这些材料可以不画剖面符号。

　　⑧ 剖切平面不一定只用一个，可以组合。组合时平面可以平行，也可以相交，如图 2-50 所示为两个平行剖切面得到的视图。图 2-51 所示为几个相交的剖切面得到的剖视图，在这种相交剖切面视图中，必须采用旋转画法，假想所有剖切面旋转到同一平面产生的视图。

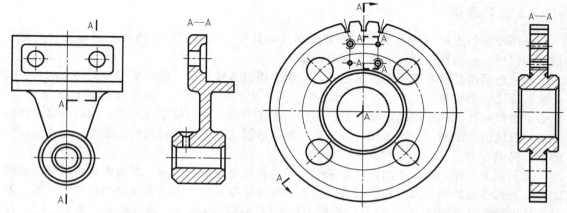

图 2-50 两个平行的剖切面获得的剖视图   图 2-51 几个相交的剖切面获得的剖视图

⑨ 当肋板被剖切面通过时，不画成剖面形式。

3. 剖视图的类型

图 2-49～图 2-51 都属于全剖视图，但在实际应用中，为了减少绘图工作量，对于对称性较强的结构，只需要剖切掉 1/4，这样出现的剖视图称为半剖视图，见图 2-52；另外，只剖某个局部的视图称为局部剖视图，见图 2-53。

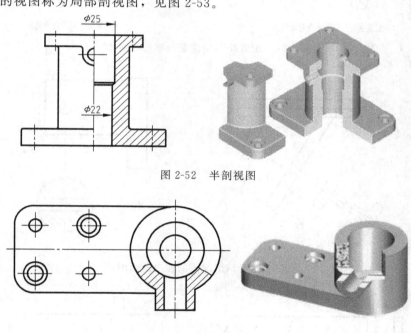

图 2-52 半剖视图

图 2-53 局部剖视图

半剖视图内部的轮廓线并不完整，在标注尺寸时采用只超过对称轴的部分尺寸线进行标注，此时只有一端存在尺寸界线。

局部剖视图用波浪线或双折线作为分界，它们不能和图样上的其他图线重合，当剖切结构为回转体时，允许使用回转体的轴线作为局部剖视与视图的分界线。另外，波浪线的起始点应该位于物体上，不能穿空而过，也不能超出视图的轮廓线。当然，为了清晰起见，在一个视图中的局部剖视图的数量不宜过多。

（五）断面图

断面图是假想用剖切面将物体的某处切断，只画出该剖切面与物体接触部分（剖面区域）的图形。包括移出断面图和重合断面图。

移出断面图是将断面画在视图之外，轮廓线用粗实线绘制，往往配置在剖切线的延长线上或其他适当的位置，见图 2-54，当然在空间不允许的情况下，也可以配置在其他地方，但必须做好标注。非规则的形状，可以用两个或多个相交的剖切平面剖切，这时的移出断面中间一般应断开绘制，见图 2-55（a）。当剖断面遇到孔或凹坑的轴线时，断面图要按剖面图绘制，见图 2-55（b）。

与剖视图一样，断面图的标注也采用大写的拉丁字母进行区分。配置在剖切符号延长线上的不对称移出断面，需要标注箭头，但不必标注字母；对于不配置在剖切符号延长线上的对称移出断面（见图 2-55），以及按投影关系配置的移出断面，一般不必标注箭头。配置在剖切线延长线上的对称移出断面，不必标注字母和箭头（见图 2-54）。

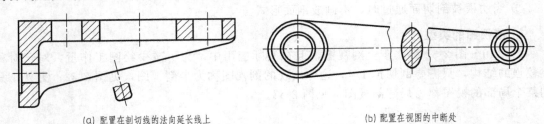

(a) 配置在剖切线的法向延长线上　　　　　　(b) 配置在视图的中断处

图 2-54　配置在不同位置的移出断面图

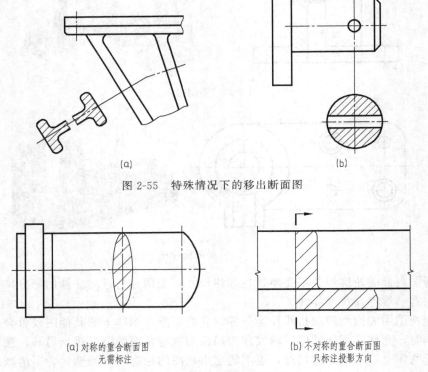

(a)　　　　　　　　　　　　(b)

图 2-55　特殊情况下的移出断面图

(a) 对称的重合断面图　　　　　　　(b) 不对称的重合断面图
　　　无需标注　　　　　　　　　　　只标注投影方向

图 2-56　重合断面图及其标注

重合断面图画在视图之内，其轮廓线用细实线绘制。当视图中的轮廓线与断面图的图线重合时，视图中的轮廓线仍应连续画出。一般重合断面图只需指明投影方向（不对称时），不需标注符号，如图 2-56 所示。

习 题 二

1. 在 AutoCAD 中求做圆柱间的相贯线并标注尺寸（尺寸自拟）（见图 2-57）。
2. 绘制下列图形（见图 2-58）的第三视图和正等测图。

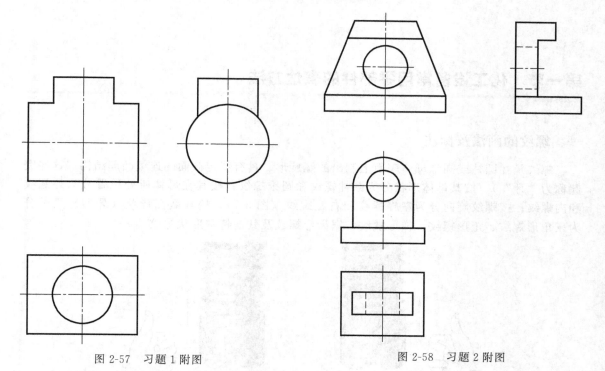

图 2-57 习题 1 附图   图 2-58 习题 2 附图

3. 绘制如图 2-59 所示各物体的三视图，并标注尺寸。

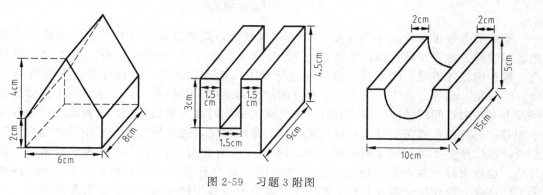

图 2-59 习题 3 附图

第三章

化工设备零部件图

第一节 化工设备常用零部件的表达方法

一、螺纹的画法及标注

螺纹是在圆柱或圆锥母体表面上制出的螺旋形、具有特定截面的连续凸起结构（这些突起称为"牙"），按其母体形状分为圆柱螺纹和圆锥螺纹；按其在母体所处位置分为外螺纹和内螺纹；按螺纹旋向分为左旋螺纹和右旋螺纹（图3-1），按其截面形状（牙型）又可分为三角形螺纹、矩形螺纹、梯形螺纹、锯齿形螺纹及其他特殊形状螺纹。

图 3-1 不同旋向的螺纹

螺纹的参数包括：①外径（大径），与外螺纹牙顶或内螺纹牙底相重合的假想圆柱体直径。螺纹的公称直径即大径，见图3-2。②内径（小径），与外螺纹牙底或内螺纹牙顶相重合的假想圆柱体直径。③中径，母线通过牙型上凸起和沟槽两者宽度相等的假想圆柱体直径。④螺距，相邻牙在中径线上对应两点间的轴向距离。⑤导程，同一螺旋线上相邻牙在中径线上对应两点间的轴向距离。只有一个起点的螺纹时称为单线螺纹，这种螺纹的导程和螺距相等；而有两个或两个以上起点的螺纹称为多线螺纹，这时导程等于螺距乘以线数。⑥牙型角，螺纹牙型上相邻两牙侧间的夹角，图中 A 即为牙型角，α_1、α_2 称为牙侧角。⑦螺纹升角，也称为导程角，是中径圆柱上螺旋线的切线与垂直于螺纹轴线的平面之间的夹角。⑧工作高度，两相配合螺纹牙型上相互重合部分在垂直于螺纹轴线方向上的距离等。

螺纹的公称直径除管螺纹以管子内径为公称直径外，其余都以外径为公称直径。螺纹已标准化，有米制（公制）和英制两种，现多用米制，请查询 GB/T 1414—2013 及 GB/T

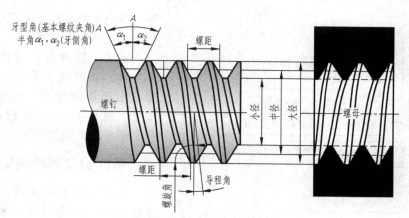

图 3-2　螺纹的结构术语

12716—2011 等标准。

1. 螺纹的规定画法

　　如图 3-3 所示，对于外螺纹，大径用粗实线，小径用细实线，而内螺纹正好与之相反。当内螺纹不剖开时，应该画成虚线。当连接成螺纹副时，其旋合部分应按外螺纹的画法绘制，其余部分仍按各自的画法表示。

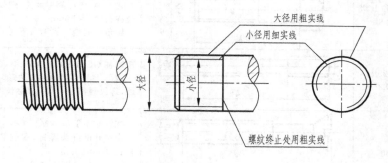

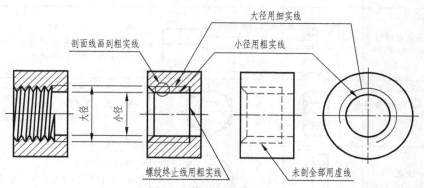

图 3-3　螺纹的规定画法

2. 螺纹的标注

　　普通螺纹的特征代号和尺寸代号，用 M 公称直径×螺距（多线螺纹的导程和螺距均要注出，单线粗牙普通螺纹螺距不标注）。例如："M8×1.2"表示公称直径为 8mm、螺距为 1.2 mm 的单线细牙普通螺纹。除此之外，螺纹在标记中还要注明导程、旋向、旋合长度

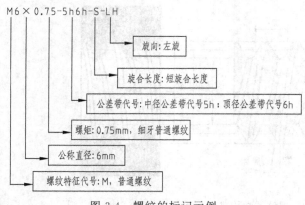

图 3-4 螺纹的标记示例

等，标记示例如图 3-4 所示。具体标记要求请查阅相关标准。

螺纹一般要有退刀槽，以保护加工工具，其宽度不小于 1/2 螺距，外径应小于螺纹小底。端部要有倒角，角度一般是 45°，长度根据螺距来定，取比螺距较大的值即可。

二、螺纹类紧固件画法

靠螺纹连接的紧固件有螺栓、螺母和垫圈，在绘制时一般按比例，绘制图例见表 3-1。所谓按比例画法就是以螺栓上螺纹的公称直径为主要参数，其余各部分结构尺寸均按与公称直径成一定比例的关系绘制。

表 3-1 紧固件螺栓、螺母和垫圈图例

名称及标准号	图 例	标记及说明
六角头螺栓—A 级和 B 级 GB/T 5782—2000	M12 / 50	螺栓 GB/T 5782 M12×50 表示 A 级六角头螺栓，螺纹规格 d＝M12，公称长度 l＝50mm 倒角一般绘制成 45°，下同
双头螺柱(b_m＝1.25d) GB/T 897—1988	M6 / 15 / 45	螺柱 GB/T 897 M6×45 表示 B 型双头螺柱，两端均为粗牙普通螺纹，螺纹规格 d＝M6，公称长度 l＝45mm
开槽沉头螺钉 GB/T 68—2000	M10 / 60	螺钉 GB/T 68 M10×60 表示开槽沉头螺钉，螺纹规格 d＝M10，公称长度 l＝60mm 螺钉头的锥度绘制成 90°
开槽长圆柱端紧定螺钉 GB/T 75—2000	M10 / 60	螺钉 GB/T 75 M10×60 表示长圆柱端紧定螺钉，螺纹规格 d＝M10，公称长度 l＝60mm
1 型六角螺母—A 级和 B 级 GB/T 6170—2000	M9	螺母 GB/T 6170 M9 表示 A 级 1 型六角螺母，螺纹规格 d＝9mm
平垫圈—A 级 GB/T 97.1—2002	M9	垫圈 GB/T 97.1 9 表示 A 级平垫圈，公称尺寸(螺纹规格)d＝9mm，性能等级为 140HV 级
标准型弹簧垫圈 GB/T 93—1987	φ25	垫圈 GB/T 93 25 表示标准型弹簧垫圈，规格(螺纹大径)为 25mm

三、非螺纹连接件的画法

键、销、齿轮、轴承、弹簧等在机械中常用来做连接零部件，其作用和画法图例见表 3-2。

表 3-2 键、销、齿轮、轴承、弹簧的图示方法

类别及作用	实物图形	视图	应用图例
键连接传动件，传递扭矩		按外轮廓绘制，在剖面经过时不画成剖面形式	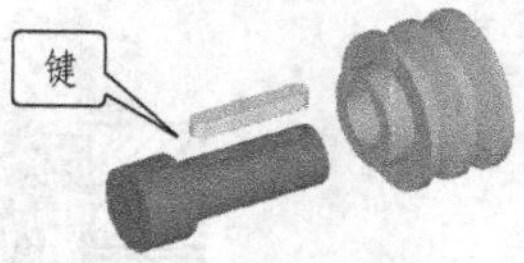
销零件间的定位或小扭矩连接		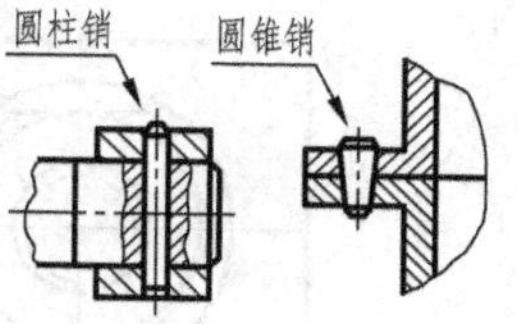 圆柱销　圆锥销	
齿轮传递动力或改变轴的转速或转向		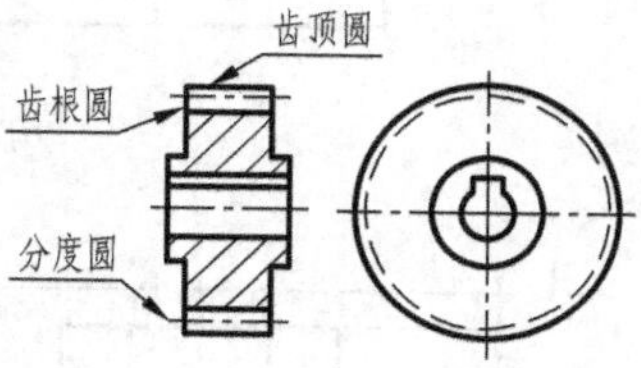 齿顶圆 齿根圆 分度圆	
轴承用来支撑和固定轴的运动		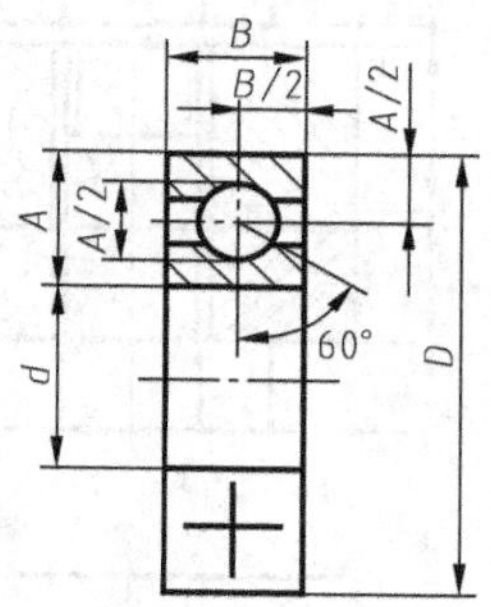 B　$B/2$　$A/2$　A　$A/2$　d　$60°$　D	
弹簧减振、复位、夹紧、测力和储能等		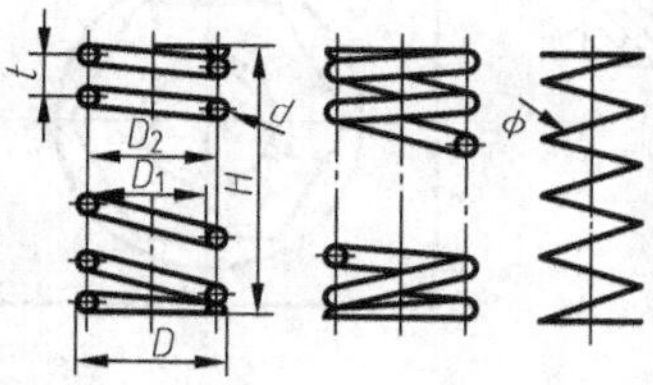 t　D_2　D_1　d　H　ϕ　D	

四、螺栓类连接件装配图的画法

连接件在绘制时，应在接触处画出各自的轮廓线，之间留有一定的空隙，为使图示清晰，可以采用简化画法，图 3-5 所示为螺栓连接结构的画法，倒角在简化画法中不必表达。

注意事项：① 两零件在紧密接触时，接触面只画一条线，不加粗。但凡不接触的表面，不论间隙大小，都应画出间隙（如图 3-5 所示的螺栓和孔之间应画出间隙）。

② 注意不同零件邻接时的剖面线方向应相反，或者画成方向一致而间隔不等。当剖切平面通过螺栓轴线时，螺栓、螺母、垫圈可按不剖绘制，仍只画外形，在必要时可采用局

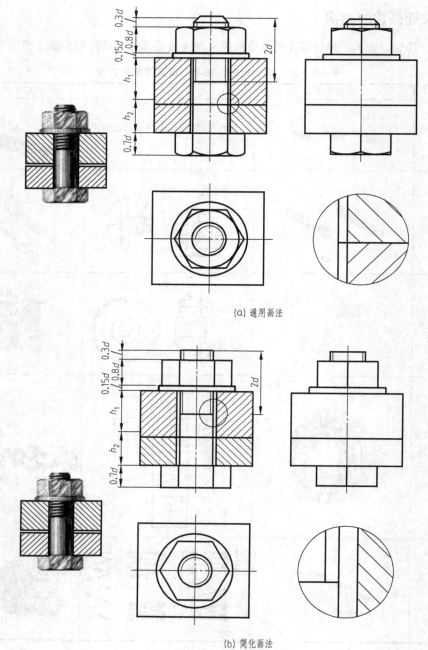

(a) 通用画法

(b) 简化画法

图 3-5　螺栓连接结构的画法

部剖视。

③ 螺栓孔直径应稍大于螺栓直径，取 $1.1d$（d 为螺纹直径）。

螺栓的公称长度 L：$L \geqslant \delta_1 + \delta_2 + h + m + a$

式中，δ_1、δ_2 为两被连接件的厚度；h 为垫圈厚度；m 为螺母厚度；a 为螺栓头部超出螺母的长度，一般取 $a = 0.2 \sim 0.3d$。

其他连接结构的画法示例见表 3-3。

表 3-3　其他连接结构的画法示例

名称	连接图形	图示	说明
双头螺柱连接		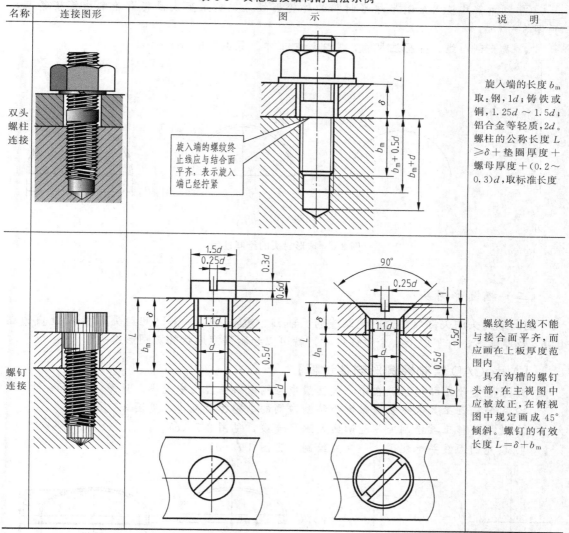 旋入端的螺纹终止线应与结合面平齐，表示旋入端已经拧紧	旋入端的长度 b_m 取：钢，$1d$；铸铁或铜，$1.25d \sim 1.5d$；铝合金等轻质，$2d$。螺柱的公称长度 $L \geqslant \delta +$ 垫圈厚度 + 螺母厚度 $+ (0.2 \sim 0.3)d$，取标准长度
螺钉连接			螺纹终止线不能与接合面平齐，而应画在上板厚度范围内 具有沟槽的螺钉头部，在主视图中应被放正，在俯视图中规定画成 $45°$ 倾斜。螺钉的有效长度 $L = \delta + b_m$

五、封头的画法

（一）半球形封头

半球形封头结构较简单，主视图为半圆，绘图的关键尺寸只有两个：半球形封头的内直径 D（或半径 R）和封头的厚度 S。有了这两个尺寸，即可手工或利用软件绘制球形封头。

【AutoCAD 绘制半球形封头过程】

① 如前所述，设置好绘图环境（练习封头绘制，可以只设置中心线、轮廓线、细实线、尺寸标注 4 个图层）。调出以前保存的"块"A4 图框，在中心线图层，绘制一条中心线。见图 3-6（a）。

② 在绘制轮廓线图层中，以中心线上某一点为圆心绘制直径为 400mm 的半圆，作为半球形封头的内轮廓线（画圆工具和剪裁工具并用），见图 3-6（b）。

③ 利用偏移技术绘制半球形封头的外轮廓线，并利用直线段将两轮廓线连接起来，见图3-6（c）。

④ 填充剖面线，并标注尺寸，完成绘制工作。见图3-6（d）。

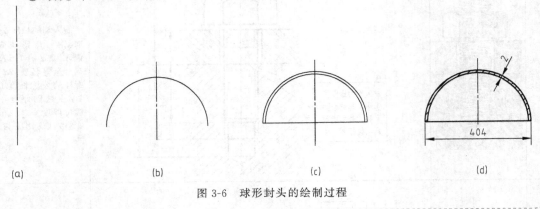

图 3-6　球形封头的绘制过程

（二）椭圆形封头

椭圆形封头的关键尺寸为内轮廓线的长轴 D、短轴 $2h$（一般已知封头高度 h）、直边高度 h_1 及厚度 S，有了以上4个关键尺寸，就可以绘制任意形状的椭圆形封头。

【AutoCAD 绘制椭圆形封头过程】

① 设置好绘图环境后，在中心线图层中绘制两条垂直的中心线，见图3-7（a）。

② 用画椭圆工具依据长短轴大小绘制内侧的半椭圆及直边，见图3-7（b）。

③ 使用偏移工具绘制外侧轮廓线及水平连线，见图3-7（c）。

④ 填充剖面线并标注尺寸，完成绘制，见图3-7（d）。

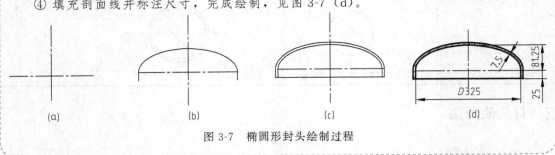

图 3-7　椭圆形封头绘制过程

（三）碟形封头

碟形封头由直边与三段圆弧组成，只要知道三段圆弧的圆心，就能够依据尺寸关系，绘制出碟形封头。常用碟形封头的数据关系：

1. 标准型

封头直径 D 和厚度 S 确定后，大圆弧半径 $R=0.9D$，小圆弧半径 $r=0.17D$，封头高度 $h=0.2488D$，直边高度 $h_1=25$（$S \leqslant 8$）或 40（$10 \leqslant S \leqslant 18$）或 50（$S \geqslant 20$）。

2. 普通型

封头直径 D 和厚度 S 确定后，大圆弧半径 $R=D$，小圆弧半径 $r=0.15D$，封头高度

$h=0.226D$，直边高度 $h_1=25$（$S\leqslant8$）或 40（$10\leqslant S\leqslant18$）或 50（$S\geqslant20$）。

例如：普通型碟形封头直径 $D=1000$，壁厚 $S=10$，则大圆弧半径 $R=1000$，$r=150$，直边高度为 40。

【AutoCAD 绘制碟形封头过程】

① 在 AutoCAD 中心线图层任画两条正交直线（点亮正交状态按钮），长度均超过 1000 即可。利用偏移技术，画出垂直线的左右偏移线，偏移距离应为 $(D-2r)/2=350$，见图 3-8（a），则左右偏移线和水平中心线的交点就是过渡圆的圆心。

② 切换到轮廓线图层，用绘圆工具分别捕捉两个圆心，输入半径数据 150，确认（注：这里所说的确认指的是按回车键或空格键，后同），得到两个小圆，见图 3-8（b）。

③ 因大圆和两个小圆是相切的关系，因此有了小圆，就可以绘制大圆，不必知道大圆圆心的位置。点画圆工具，按命令行指示输入相切关系的命令"t"，确认，提示"指定对象与圆的第一个切点"，点击左侧小圆的左上方弧线，提示"指定对象与圆的第二个切点"，在右侧小圆的右上弧线上点击，提示"指定圆的半径"，输入 1000，确认，大圆绘出，见图 3-8（c）。

④ 绘制直边。在过渡小圆和水平中心线最左侧交点开始，向下绘制直边，输入长度 40，确认。同理，绘出右侧的直边，见图 3-8（d）。

⑤ 利用修剪工具 —/— 剪去多余图线，见图 3-8（e）。工具用法：点击修剪工具后，提示"选择对象或全部选择"，点击要剪掉线的周围图线，确认。这时提示"选择要修剪的对象或按住 Shift 键选择要延伸的对象"，单击要减去的图线，完成修剪，按 Esc 退出此命令。

⑥ 删除多余线，绘制底边线段，然后利用偏移工具，产生外轮廓线。填充剖面线，标注尺寸，完成绘图。见图 3-8（f）。

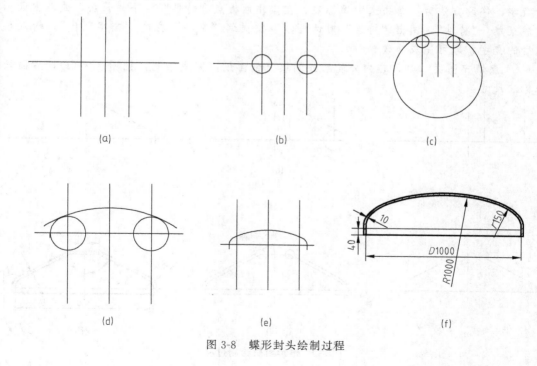

图 3-8 蝶形封头绘制过程

（四）锥形封头

不带折边的锥形封头比较简单，大端直接与筒身焊接，绘制容易。带折边封头应该已知封头大端内直径 D、封头的小端内直径 d、封头的厚度 S、封头的半锥角 θ，封头的过渡圆即折边部分小圆半径 r 及封头的折边高度 h_1。

【AutoCAD 绘制锥形封头过程】

① 比如绘制封头的 $D=760$，折边圆弧半径 $r=80$，折边高度 $h_1=40$，锥角为 $120°$，厚度 $S=20$。首先在中心线图层绘制中心线，确定视图位置。

② 计算好过渡圆的圆心位置。因过渡圆弧与锥边、直边都相切，故圆弧的起点就在水平中心线上，因此，切换到细实线图层，在中心线左端距离中心点 300mm 处和 100mm 处画两条垂线（辅助线），见图 3-9（a），然后在左侧第一个交点画半径为 80 的圆，见图 3-9（b）。

③ $120°$ 锥角，其半锥角为 $60°$，过小圆圆心做一条辅助构造线，设其角度为 $120°$，则与小圆左上方的交点即为锥边与小圆的切点。过此点做圆的切线与距中心 100mm 处的辅助线相交，从这个交点画水平线与垂直中心线相交，见图 3-9（b）。

④ 去掉各辅助线，用修剪工具剪掉不需要的圆弧，结果见 3-9（c）。

⑤ 在轮廓线图层，采用镜像工具，选整个图形，以垂直中心线为镜像线，产生另一半图形，见图 3-9（d）。

⑥ 采用偏移命令，产生外轮廓线，偏移值为壁厚值，顶部轮廓线不需要偏移，底部用直线画出大端轮廓线，结果如图 3-9（e）所示。将顶端的缺线用线连接，得到小端轮廓线。注：当封头整体尺寸较大而壁厚很小时，为了清晰表达其剖面结构，可以采用夸大表达的方法，但在标注时，应该注写壁厚的实际尺寸。夸大表达时，对 CAD 自动标注的尺寸数字，修改方法为：单击选中该标注，在操作面板点"特性"右下角箭头，或单击鼠标右键菜单—"特性"，调出"特性"对话框，下拉找到"文字"栏的"文字替代"，输入替代后的文字，即可完成修改。

⑦ 点填充图案工具，在内外轮廓线间填充剖面线，完成绘制，见图 3-9（f），后面只需标注尺寸。

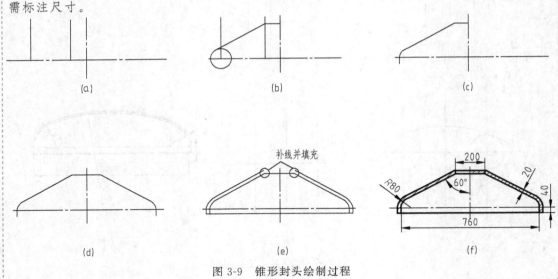

图 3-9　锥形封头绘制过程

六、零部件图的简化表达方法

① 机件的肋板如按纵向剖切，肋板不画剖面符号，而用粗实线将它与其邻接部分分开。

② 若干直径相同且成规律分布的孔，如筛孔、法兰的螺栓孔等，可以仅画出一个或几个，其余只需用细点画线表示其中心位置，如图 3-10（a）所示。

③ 断开画法：轴、杆类较长的机件，当沿长度方向形状相同或按一定规律变化时，允许断开画出，但在尺寸标注时要标注实际长度［图 3-10（b）］。

④ 在不致引起误解的前提下，对于对称性结构，可只画一半或其 1/4［图 3-10（c）］，并在对称中心线的两端画出两条与其垂直的平行细实线，以表示该线另一侧具有完全对称的结构。

⑤ 当回转体机件上的平面在视图中不能充分得到表达时，可用相交的两条细实线表示［图 3-10（d）］。

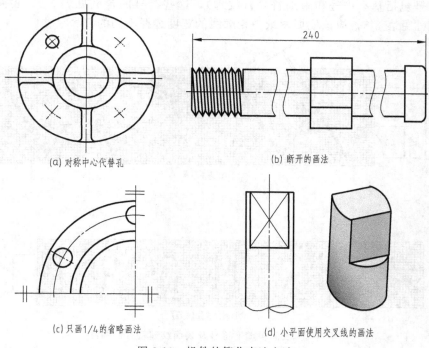

(a) 对称中心代替孔　　　　　　　　　(b) 断开的画法

(c) 只画1/4的省略画法　　　　　　　(d) 小平面使用交叉线的画法

图 3-10　机件的简化表达方法

第二节　零部件图上的技术要求及标注

正确表达一个零件，除了视图和其尺寸外，还应表明加工和检验零件的技术要求。这些要求主要包括：①零件的表面结构（常用粗糙度表示）；②尺寸公差；③形状公差和位置公差；④对零件的材料、热处理和表面修饰的说明；⑤对于特殊加工和检验的说明。

一、表面粗糙度

表面结构参数分 R、W、P 三类，也称为三种轮廓。其中，R 轮廓采用的是粗糙度参数；W 轮廓采用的是波纹度参数；P 轮廓采用的是原始轮廓参数。由于任何加工的表面都存在微观的凹凸不平、峰谷轮廓，对零件的使用性能影响很大。将相邻两个波峰（或波谷）间的距离称为波距。则可用波距划分表面结构参数：波距小于 1mm 的属于表面粗糙度，波距在 1～10mm 的属于表面波纹度，波距大于 10mm 的属于形状误差。评价零件的表面光洁程度用的是 R 轮廓，即表面粗糙度参数。

表面粗糙度是零件加工表面上具有的较小间距和峰谷不平度所组成的微观几何特性。加工过程中的刀痕、切削分离时的塑性变形、刀具与已加工表面间的摩擦、工艺系统的高频振动都是形成表面粗糙度的原因，而表面粗糙度会对零件的耐磨性、配合性质的稳定性、零件的疲劳强度、零件的抗腐蚀性、零件的密封性等造成影响。

（一）表面粗糙度的表达符号

在制图中，表面粗糙度以符号加文字注释的方式体现在视图上。所用的符号见图 3-11，这些表达符号包括基本符号和附加符号（纹理），这些符号的含义见表 3-4。表面粗糙度符号的绘制尺寸见表 3-5，应该依据图纸中轮廓线的宽度选择不同的符号尺寸。

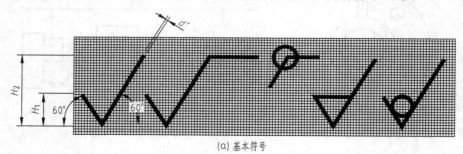

(a) 基本符号

(b) 附加符号(纹理)

图 3-11　表面粗糙度符号及表面纹理符号的画法

表 3-4　表面粗糙度的符号及其含义 （GB/T 131—2006）

粗糙度符号	意义和说明	标注内容和注写位置
√	基本符号[允许任何工艺（APA）],两条线与水平面夹角都为60°	图中： a、b—注写表面结构,包括:表面结构参数代号、极限值、传输带或取样长度(μm); c—加工要求、镀覆、涂覆、表面处理或其他说明; d—加工纹理方向符号; e—加工余量(mm)
√	基本符号加一短划,表示表面用去除材料的方法获得(MRR),如:车、铣、钻、磨、剪切、抛光、腐蚀、电火花加工、气割等	
√	基本符号加一小圆,表示表面用不去除材料的方法获得(NMR),如铸、锻、冲压、热轧、粉末冶金等,或保持原供应状况的表面	
√ ▽ √	以上三种符号加一尾横线,用于标注参数和说明	
√ ▽ √	在上述符号中再加一个小圆,表示所有表面具有相同的粗糙度要求	

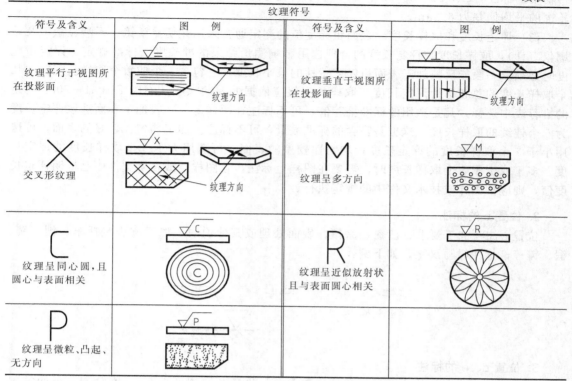

纹理符号

符号及含义	图 例	符号及含义	图 例
纹理平行于视图所在投影面		纹理垂直于视图所在投影面	
交叉形纹理		纹理呈多方向	
纹理呈同心圆,且圆心与表面相关		纹理呈近似放射状且与表面圆心相关	
纹理呈微粒、凸起、无方向			

表 3-5　表面粗糙度符号的绘制尺寸

项目 ＼ 工程图样轮廓线线宽 d/mm	0.35	0.5	0.7	1	1.4	2	2.8
数字和字母高度 h/mm	2.5	3.5	5	7	10	14	20
符号、字母线宽 d/mm	0.25	0.35	0.5	0.7	1	1.4	2
高度 H_1/mm	3.5	5	7	10	14	20	28
高度 H_2(最小值)/mm	7.5	10.5	15	21	30	42	60

1. 符号中 a、b 位置的标注

表 3-4 内符号 a 的位置用来标注表面结构的统一要求,包括表面结构参数代号、极限值、传输带或取样长度。有多个结构要求时,按 a,b 间纵向排列,这时需要增加符号高度。为了不引起误解,参数代号与极限值之间要有空格,传输带或取样长度后应该有一斜线"/",线后是表面结构参数代号,最后是数值。如:−0.8/Ra3 3.2 表示取样长度 0.8mm,3 个取样长度,R 轮廓,算术平均偏差为 3.2μm。

(1) 表面结构参数代号　表面结构参数代号的选择,需要依据 GB/T 1031—2009《产品几何技术规范（GPS）表面结构　轮廓法　表面粗糙度参数及其数值》国家标准,包括:

① 轮廓的算术平均偏差 Ra（常见范围 $0.025\sim6.3\mu m$）;

② 轮廓的最大高度 Rz（常见范围 $0.1\sim25\mu m$）。

在常见范围内优先使用 Ra 进行标注。

(2) 传输带　传输带是两个定义的滤波器之间的波长范围,见 GB/T 6062 和 GB/T 18777,对于图形法,是在两个定义极限值之间的波长范围（见 GB/T 18618）。在制图中,传输带一般采用默认值而不需标注,但采用非默认值的检测波长时,则需要标注。例如:含传输带的标注：$0.0023\sim0.8/Ra\,6.3$，表明传输带短波 $\lambda_s=0.0023\text{mm}$，长波 $\lambda_c=0.8\text{mm}$，轮廓的平均偏差为 $6.3\mu m$。

（3）评定长度和取样长度　表面粗糙度值的测定通常采用光切显微镜、干涉显微镜及轮廓仪（计），取样长度与评定长度的合理选用影响测量结果的准确度。标准规定，评定粗糙度时必须取一段能反映加工表面粗糙度特性的最小长度，它包含一个或数个取样长度，这几个取样长度的总和称为评定长度。取样长度值应依据偏差的大小从 GB/T 1031—2009 给定的推荐表中选择，凡是选用的标准推荐值，可不标注在图样上。一般加工表面选取评定长度为 5 个连续的取样长度，这也是隐含的标准数量，可不标注。加工均匀性较好的表面，可选用小于 5 个取样长度的评定长度；均匀性较差的表面，可选用大于 5 个取样长度的评定长度。多于或少于 5 个取样长度时，需要在图样上标注。若图样上或技术文件中已标明评定长度值，则应按图样或技术文件中的规定执行。

2. 位置 c 的标注

位置 c 注写加工要求、镀覆、涂覆、表面处理或其他说明，加工方法包括车、刨、铣、锻、铸等，标注时写汉字，如下例：

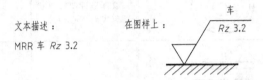

文本描述：

MRR 车 $Rz\,3.2$

3. 位置 d、e 的标注

在位置 d 处标注物体表面加工后的纹理方向，代号及图例见表 3-4。在位置 e 处注写工件的加工裕量，隐含单位是 mm。

4. 粗糙度参数的组成

粗糙度是表面结构参数的一种，表面结构参数由轮廓参数（R—粗糙度，W—波纹度，P—原始轮廓参数）、轮廓特征、评定长度的取样个数、要求的极限值组成。参数后标注"max"的表示应用最大规则评定极限值，反之，表示应用默认规则（16%规则）评定极限值。取样时默认的取样数是 5 个，若评定时取样点不是 5 个，则需要在参数中标明。

标注示例：

（1）请叙述 $0.008\sim4/Ra\,50$ 的含义

解：$0.008\sim4/Ra\,50$ 表示极限值是 $50\mu m$，传输带（滤波器）$0.008\sim4\text{mm}$，默认为"16%规则"，评定长度默认，数值为 $5\times4\text{mm}=20\text{mm}$。

（2）请叙述下列图样上标注的含义：

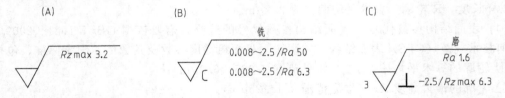

解：（A）表面去除材料的粗糙度符号，单向上极限，粗糙度最大高度 $3.2\mu m$，默认传输带，5 个取样长度，"最大规则"。

（B）表面去除材料的粗糙度符号，加工方法为：铣，双向极限值，上极限 $Ra=50\mu m$，下极限 $Ra=6.3\mu m$，均为"16%规则"，两个传输带均为 $0.008\sim2.5\text{mm}$，默认的评定长度

是 $5×2.5=12.5$mm，表面纹理近似为同心圆。

（C）表面去除材料的粗糙度符号，加工方法是磨削，加工裕量为 3mm，两个单向上极限，第一个极限 $Ra=1.6\mu$m，默认"16%规则"，默认传输带和评定长度；第二个极限 $Rz\max=6.3\mu$m，"最大规则"，传输带－2.5mm，默认评定长度为 $5×2.5=12.5$mm。表面纹理垂直于视图的投影面。

（二）粗糙度在视图上的注写方式和位置

粗糙度的注写方式和位置，统一要求为：①无论在任何位置注写表面粗糙度代号，符号的尖端必须从材料外指向表面，代号中数字的方向要与尺寸数字方向一致；②无特殊说明时，标注是对加工完的表面进行的；③粗糙度的注写尽量与尺寸、公差的标注在同一视图；④当零件大部分表面具有相同的表面粗糙度时，将这个符号、代号统一标注在图样的右上角，并加注"其余"两字；⑤具体标注的位置选择应该依据图纸的空余面积和美观程度，选择将粗糙度标注在轮廓线、引出线、尺寸数字旁，公差框格的上方，尺寸界线引出线等处，标注唯一、不重复，见图 3-12。

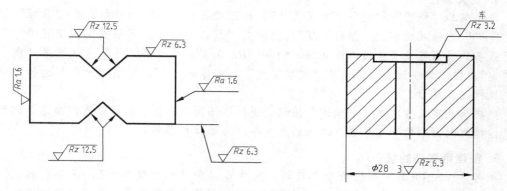

图 3-12　粗糙度在轮廓线上的标注方式

统一标注的代号及文字高度，应是图形上其他表面所注代号和文字的 1.4 倍。

【AutoCAD 标注表面粗糙度】

AutoCAD 标注表面粗糙度时，若标注的位置较多而且不能简化，为了方便可以先制作属性"块"，应用时可以调用。

下面以去除材料加工方法获得表面的结构为例，说明制作过程。应用者也可以下载网络资源提供的属性块。

1. 确定代号的尺寸

去除材料加工方法获得表面结构代号是倒三角加引出线组成，在尺寸上要依据图样轮廓线的宽度和标注字高确定，对应关系见表 3-5。比如选择第三列，图样线宽 0.7mm，则粗糙度符号线宽选取 0.5mm，字高为 5mm，$H_1=7$mm，$H_2=15$mm。

确定尺寸后，建立图层：粗实线 0.7mm，细实线 0.5mm。

2. 画三条辅助线

使其上下间隔分别为 8mm 和 7mm。在细实线层绘制一条任意长度的水平线，分别用偏移工具在上下各偏移 8mm 和 7mm，如图 3-13（a）所示。

3. 调用多段线命令

以最上边直线右端一点为起点，向左绘制长度为 20mm（可根据需要确定长度）的水平直线段，打开极轴捕捉，极轴增量角设置为 60°，与最下面的辅助线单击相交，转向左上方与第二条辅助线点击相交，水平拉动与第一条斜线点击相交，按 Esc 退出，去掉三条辅助线，得到粗糙度代号，如图 3-13（b）所示。

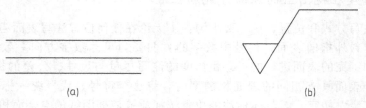

(a)   (b)

图 3-13 粗糙度代号的绘制

4. 定义属性

单击菜单"绘图"—"块"—"定义属性"，打开"属性定义"对话框。在"属性"区域的"标记"中输入文字"表面粗糙度"；然后在"默认"栏中，可根据实际情况将标注时使用最多的表面粗糙度值设为默认值，比如"*Ra* 6.3"；在"插入点"区域选择"在屏幕上指定"；在"文字设置"区域的"文字高度"栏中输入"5"；文字"对正"选择"左"，完成属性定义设置。

完成属性定义后，单击"确定"按钮，返回绘图窗口，在"指定起点"提示下利用追踪功能捕捉到图形的下方位置，单击插入文字（可替换）即可。

5. 创建带属性的块

执行"WBLOCK"写块命令创建块，将块命名为"粗糙度符号"，保存到磁盘。其中，"基点"拾取三角形的下角点，"对象"选择绘制的粗糙度符号及文字"表面粗糙度"。单击"确定"按钮，完成具有属性的粗糙度符号"块"的制作。

6. 标注

绘制图样后，将细实线图层置为当前。执行"插入"命令，调出"插入"对话框。在"名称"中，选择已作好并保存的表面粗糙度符号块。

① 设置插入比例。当图样的尺寸标注中字高与块设置时的字高相同时，插入图块比例值设为 1，否则按需要设置比例使用。

② 设置"插入点"。一般设为"在屏幕上指定"。

③ 设置"旋转"角度。当与块的文字角度相同时，设置为"0"，若需要与其垂直的标注，则设置为"90"。

单击"确定"按钮，返回绘图窗口，拾取矩形上方轮廓线的标注位置，单击左键插入符号块。命令行提示输入属性值时，输入"*Ra* 6.3"，即可完成标注。

二、极限与配合

1. 公差及零件的公称尺寸、实际尺寸和极限尺寸

零件具有互换性，同种零件替换后性能不变。但在零件的加工过程中，总会有误差。为

了保证互换性，必须将零件尺寸的加工误差限制在一定的范围内，规定出尺寸允许的变动量，这个变动量就是尺寸公差，简称公差。由此就出现了极限尺寸的概念，是在设计尺寸（也称基本尺寸或公称尺寸）上下浮动的界限。实际尺寸减去基本尺寸，就称为偏差，最大允许偏差显然是极限尺寸减去公称尺寸，因此会出现上偏差（正数）和下偏差（负数），如图 3-14 所示。显然公差也是上下两个偏差相减得到的数值。可以写成下列等式：

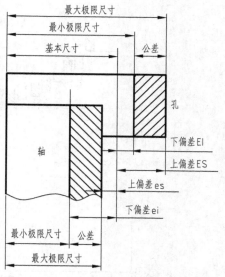

图 3-14 公差与偏差的关系

$$尺寸公差＝最大极限尺寸－最小极限尺寸$$
$$＝上偏差－下偏差$$

极限偏差要标注在尺寸后，如 $\phi27^{+0.012}_{+0.001}$ 表示上极限偏差是 0.012mm，下极限偏差是 0.001mm，那么该零件的尺寸公差是（$0.012-0.001$）mm ＝ 0.011mm。当上下极限偏差绝对值相等时，采用对称标注，如 $\phi27\pm0.012$ 表示上极限偏差是 0.012mm，下极限偏差是－0.012mm，那么其公差就是 [$0.012-(-0.012)$]mm ＝ 0.024mm。不标注极限偏差的零件要依据 GB/T 1804—2000，在图纸的技术要求栏用标准号和公差等级符号说明。非配合线性尺寸的公差等级分为 f（精密级）、m（中等级）、c（粗糙级）、v（最粗级）四个等级，在技术要求中需要注明这些级别。

2. 公差等级和公差带

显然，公差表明了制造尺寸的精确程度，划分为不同等级。国家标准将公差等级分为 20 级：包括 IT01、IT0、IT1～IT18。其中的"IT"表示标准公差，公差等级的代号用阿拉伯数字表示，从 IT01 至 IT18 等级依次降低。为此提出了标准公差概念，用以确定公差带的大小。这里说的公差带指的是用来表示公差大小和相对于零线位置的一个区域，见图 3-15。标准公差是基本尺寸的函数，对于一定的基本尺寸，公差等级愈高，标准公差值愈小，尺寸的精确程度愈高。为了便于分析，一般将尺寸公差与基本尺寸的关系，按放大比例画成简图，称为**公差带图**，其中的公差带就是代表上下极限偏差的两条直线围成的区域。

基本偏差　在公差带图上，零线代表基本尺寸，位于零线附近相对于零线的偏差，称为基本偏差，用来衡量相对于基本尺寸的最小偏离程度。显然，公差带位于零线上方时，基本偏差是下极限偏差，反之则是上极限偏差。孔、轴的公差带代号由基本偏差与公差等级代号组成，国标规定了 28 个孔、轴基本偏差，孔的基本偏差代号由 26 个大写拉丁字母和 ZA、ZB、ZC 表示，轴的用对应的小写拉丁字母表示。

在公差尺寸的标注方法中，可以使用 ϕ 表示圆的直径，也可以省略该符号。标注格式例如：

① 100g6，标注了基本尺寸和公差等级；

② $100^{-0.012}_{-0.034}$，标注了基本尺寸和上下极限偏差；

③ $100g6(^{-0.012}_{-0.034})$，标注了基本尺寸、公差等级及上下极限偏差，注：此标注中的括号不能省略。

例如：$\phi25K5$ 或书写为 25K5 代表基本尺寸为 $\phi25$ 的孔，其公差带代号是 K5，其中 K

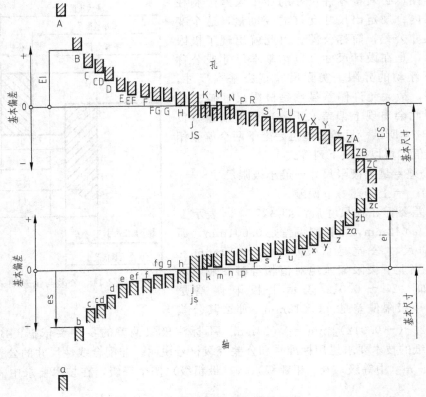

图 3-15　孔和轴的基本偏差系列

是基本偏差，从公差带图上可见其在零线附近，属于高准确度范围；其中 5 代表标准公差等级，也就是公差的大小，数值越小说明精确度越高。又如 60f7，表示基本尺寸为 φ60，基本偏差为 f，标准公差等级为 7 级的轴的公差带。

怎样由已知的公差带计算极限尺寸？

在 GB/T 1800.1—2009《产品几何技术规范（GPS）极限与配合　第 1 部分：公差、偏差和配合的基础》中给出了几个相关表格，如"表 1 公称尺寸至 3150mm 的标准公差数值""表 2 轴的基本偏差数值""表 3 孔的基本偏差数值""表 A1 基本尺寸分段"，这几个表可以查找公差、偏差数值之间的关系。

例如：确定 φ130N4 的极限偏差和极限尺寸。

这是孔的公差，首先，查找标准中的表 A1，130mm 基本尺寸（公称尺寸）位于 120～180mm 分段。然后，依据公差等级 4，在给定的表 1 中查找此分段的标准公差是 $12\mu m$，再由表 3 中对应的公称尺寸范围 120～140mm，公差带 N 对应的基本偏差是 $-27+\Delta$，即 $-27+4=-23\mu m$。这样，即可计算极限偏差和尺寸：

上极限偏差＝基本偏差＝$-23\mu m$

下极限偏差＝基本偏差－标准公差＝$-23-12=-35\mu m$

上极限尺寸＝$130-0.023=129.977mm$

下极限尺寸＝$130-0.035=129.965mm$

3. 配合及其种类

在机件装配中，基本尺寸相同的、相互结合的孔和轴公差带之间的关系，称为配合。由于孔和轴的实际尺寸不同，装配后可以产生"间隙"或"过盈"。在孔与轴的配合中，孔的尺寸减去轴的尺寸所得的代数差为正值时是间隙，为负值时是过盈。

① 间隙配合　孔的公差带在轴的公差带之上，任取其中一对孔和轴相配都成为具有间隙（包括最小间隙为零）的配合，如图 3-16 (a) 所示。

② 过盈配合　孔的公差带在轴的公差带之下，任取其中一对孔和轴相配都会过盈（包括最小过盈量为零）的配合，如图 3-16 (b) 所示。

③ 过渡配合　孔的公差带和轴的公差带相互交叠，任取其中一对孔和轴相配，可能是具有间隙，也可能是具有过盈的配合，如图 3-16 (c) 所示。

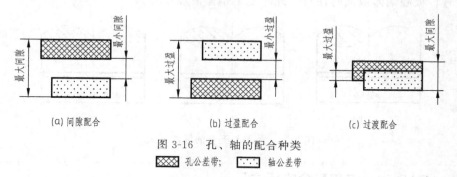

图 3-16　孔、轴的配合种类

孔公差带；　　轴公差带

4. 配合制度

如何限定零件的制造等级，国家标准规定了基孔制和基轴制两种基准，如图 3-17 所示。

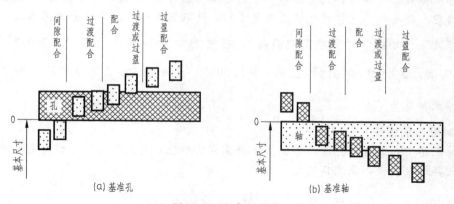

图 3-17　配合的基准

（1）基孔制　基本偏差为一定的孔的公差带与基本偏差的轴的公差带构成种配合的一种制度，如图 3-17 (a) 所示。基孔制的孔称为基准孔，基本偏差代号为"H"，国家标准中规定基准孔的下偏差为零。

（2）基轴制　基本偏差为一定的轴的公差带与不同基本偏差的孔的公差带构成各种配合的一种制度，如图 3-17 (b) 所示。基轴制的孔称为基准轴套，基本偏差代号为"h"，国家标准中规定基准轴的上偏差为零。

5. 配合代号

配合代号由孔和轴的公差带代号组成，写成分数形式，分子为孔的公差带代号，分母为轴的公差带代号。凡是分子中含 H 的，都是基孔制配合；凡是分母中含 h 的，都是基轴制配合。

例如：$\phi35H8/f7$ 的含义是指该配合的基本尺寸为 $\phi35$，属于基孔制的间隙配合，基准孔的公差带为 H8（基本偏差为 H 公差等级为 8 级），轴的公差带为 f7（基本偏差为 f，公差等级为 7 级）。

具体的公差配合数值间的关系参见 GB/T 1800.2—2009《产品几何技术规范（GPS）极限与配合　第 2 部分：标准公差等级和孔、轴极限偏差表》。

6. 图样上公差与配合的表达

要求较高的零件，需要标注尺寸公差，标注方法有三个，如图 3-18 所示，可以只标注公差带代号、极限偏差或同时注写（此时上下偏差需加括号）。

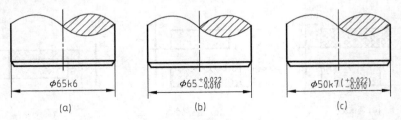

图 3-18　公差与配合的标注方式

【AutoCAD 对公差和配合的标注】

1. 对公差的标注

打开"格式"—"标注样式管理器"—"创建新标注样式"，选"尺寸标注"，设置为线性标注，确定。当用此标注样式标注所有尺寸后，选取需要标注尺寸偏差的基本尺寸，依次点击"修改"—"对象"—"文字"—"编辑"，在弹出的对话框中输入"＋0.012^（空格）－0.005"后，选中"＋0.012^（空格）－0.005"，点击文字格式选项中的堆叠"$\frac{a}{b}$"，则尺寸 $\phi20$ 被修改为"$\phi20^{+0.002}_{-0.005}$"。

2. 对配合的标注

在装配图中，配合的标注是装配图上很重要的标注，对孔轴的配合精度有要求的部分必须注明其配合公差，正确格式为：

$$\phi25H8/f7 \quad \text{或} \quad \phi25\frac{H8}{f7} \quad \text{或更详细为} \quad \phi25\frac{H8^{+0.018}_{0}}{f7^{+0.010}_{-0.004}}$$

注意事项：孔的公差代号必须写在前面或上面，极限偏差可以依据要求而决定是否标注。

在 AutoCAD 中输入尺寸或对尺寸进行修改编辑时，直接输入"H8/f7"，写成"$\phi30H8/f7$"形式，或者选中输入的"H8/f7"，点击弹出的编辑框中变亮的堆叠"$\frac{a}{b}$"，即可表示成上下分数形式。

三、形位公差

1. 形位公差含义及表达符号

在机械上，一般称几何点、线、面为几何要素。形位公差指的是形状方面的误差，是前述尺寸误差外的实际几何形状偏离了理论值，如断面不圆，轴线位置偏移，因此也称为几何公差。GB/T 1182—2008《产品几何技术规范（GPS） 几何公差 形状、方向、位置和跳动公差标注》、GB/T 4249—2009《产品几何技术规范（GPS） 公差原则》，以及 GB/T 16671—2009《形状和位置公差最大实体要求、最小实体要求和可逆要求》对形位公差的种类和标注方法进行了详细的规定。表 3-6 给出了常见形位公差的符号和含义。

表 3-6　形位公差的符号及含义

名称	符号	含义和要求
直线度	—	直线度是表示零件上的直线要素实际形状保持理想直线的状况。也就是通常所说的平直程度。直线度公差是实际线对理想直线所允许的最大变动量。也就是在图样上所给定的,用以限制实际线加工误差所允许的变动范围
平面度	▱	平面度是表示零件的平面要素实际形状保持理想平面的状况。也就是通常所说的平整程度。平面度公差是实际表面对平面所允许的最大变动量。也就是在图样上给定的,用以限制实际表面加工误差所允许的变动范围
圆度	○	圆度是表示零件上圆的要素实际形状与其中心保持等距的情况。即通常所说的圆整程度 圆度公差是在同一截面上实际圆对理想圆所允许的最大变动量。也就是图样上给定的,用以限制实际圆的加工误差所允许的变动范围
圆柱度	⌭	圆柱度是表示零件上圆柱面外形轮廓上的各点对其轴线保持等距状况 圆柱度公差是实际圆柱面对理想圆柱面所允许的最大变动量。也就是图样上给定的,用以限制实际圆柱面加工误差所允许的变动范围
线轮廓度	⌒	线轮廓度是表示在零件的给定平面上任意形状的曲线保持其理想形状的状况 线轮廓度公差是指非圆曲线的实际轮廓线的允许变动量。也就是图样上给定的,用以限制实际曲线加工误差所允许的变动范围
面轮廓度	⌓	面轮廓度是表示零件上的任意形状的曲面保持其理想形状的状况 面轮廓度公差是指非圆曲面的实际轮廓线对理想轮廓面的允许变动量。也就是图样上给定的,用以限制实际曲面加工误差的变动范围
平行度	//	平行度是表示零件上被测实际要素相对于基准保持等距离的状况。也就是通常所说的保持平行的程度 平行度公差是被测要素的实际方向与基准相平行的理想方向之间所允许的最大变动量。也就是图样上所给出的,用以限制被测实际要素偏离平行方向所允许的变动范围
垂直度	⊥	垂直度是表示零件上被测要素相对于基准要素,保持正确的 90°夹角状况。也就是通常所说的两要素之间保持正交的程度 垂直度公差是被测要素的实际方向对于基准相垂直的理想方向之间所允许的最大变动量。也就是图样上给出的,用以限制被测实际要素偏离垂直方向所允许的最大变动范围
倾斜度	∠	倾斜度是表示零件上两要素相对方向保持任意给定角度的正确状况 倾斜度公差是被测要素的实际方向对于基准成任意给定角度的理想方向之间所允许的最大变动量
对称度	≕	对称度是表示零件上两对称中心要素保持在同一中心平面内的状态 对称度公差是实际要素的对称中心面(或中心线、轴线)对理想对称平面所允许的变动量。该理想对称平面是指与基准对称平面(或中心线、轴线)共同的理想平面
同轴度	◎	同轴度是表示零件上被测轴线相对于基准轴线,保持在同一直线上的状况。也就是通常所说的共轴程度 同轴度公差是被测实际轴线相对于基准轴线所允许的变动量。也就是图样上给出的,用以限制被测实际轴线偏离由基准轴线所确定的理想位置所允许的变动范围
位置度	⊕	位置度是表示零件上的点、线、面等要素相对其理想位置的准确状况 位置度公差是被测要素的实际位置相对于理想位置所允许的最大变动量
圆跳动	↗	圆跳动是表示零件上的回转表面在限定的测量面内,相对于基准轴线保持固定位置的状况 圆跳动公差是被测实际要素绕基准轴线无轴向移动地旋转一整圈时,在限定的测量范围内所允许的最大变动量
全跳动	↗↗	全跳动是指零件绕基准轴线作连续旋转时,沿整个被测表面上的跳动量 全跳动公差是被测实际要素绕基准轴线连续地旋转,同时指示器沿其理想轮廓相对移动时,所允许的最大跳动量

2. 形位公差的标注

如图 3-19 所示，形位公差的标注由框格、公差项目代号、公差数值、指引线、基准字母、基准代号组成，依据标注位的实际情况加减组成因素。标注说明：①当被测要素为线或表面时，代号中的指引线的箭头应指在该要素的轮廓线或其延长线上，并应明显地与尺寸线错开，见图 3-19（a）；②当被测要素为轴线或中心平面时，指引线的箭头应与该要素的尺寸线对齐，见图 3-19（b）；③当被测要素为各要素的公共轴线、公共中心平面时，指引线的箭头可以直接指在轴线或中心线上，见图 3-19（c）；④基准代号以短线开始时，必须与被测要素平行，见图 3-19（d）；当标注的两处都可以作为基准时，则都用箭头指向被测点，见图 3-19（e）；⑤同一指引线可以标注多个公差项目，也可以一个公差项目指向多处，表示各处要求相同，如图 3-19（e）所示；⑥涉及圆柱公差时，公差数值前要加 ϕ。

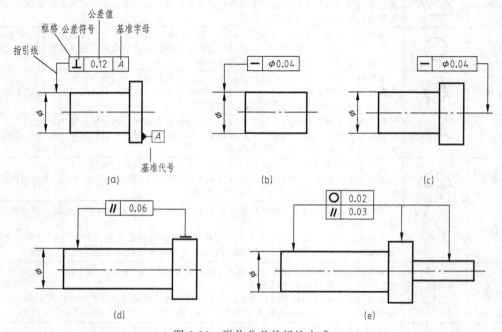

图 3-19　形位公差的标注方式

【利用 AutoCAD 为图形标注形位公差】

利用 AutoCAD 程序，用户可以方便地为图形标注形位公差。标注命令是 TOLERANCE，或点击"标注"——"公差"，或在命令行直接键入"公差"，回车或空格，弹出"形位公差"对话框，见图 3-20。

其中，"符号"选项组用于确定形位公差的符号。单击小黑方框，弹出图 3-21 所示的"特征符号"对话框。用户单击某一符号，返回到"形位公差"对话框，并在对应位置显示出该公差符号。

"形位公差"对话框中的"公差 1""公差 2"选项组用于确定公差，用户可在对应的文本框中输入公差值。公差数值前需要输入直径符号时，需要单击文本框前的小黑方框；若单击文本框后边的小黑方框，则弹出的"包容条件"对话框，从中确定包容条件（对配合要求严格的表面提出要求）。"基准 1""基准 2""基准 3"选项组用于确定基准和对应的包容条件。确定要标注的内容后，单击对话框中的"确定"按钮，切换到绘图屏幕，可输入公差位置或捕捉到既定位置，完成标注。

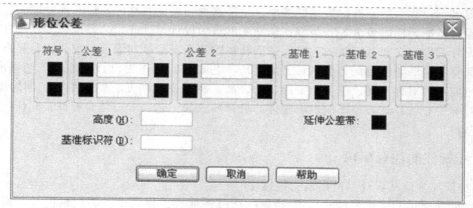

图 3-20 形位公差对话框

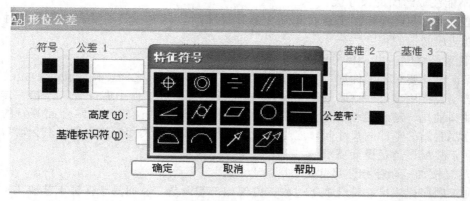

图 3-21 AutoCAD "特征符号" 对话框

第三节 化工设备零件图的尺寸标注

尺寸标注是零件图的主要内容之一，是零件加工制造的主要依据。标注尺寸必须满足正确、齐全、清晰的要求。除此之外，还需满足合理的要求。所谓尺寸标注合理，是指所注的尺寸既要满足设计要求，又要满足加工、测量和检验等制造工艺要求。为了能够做到合理标注，必须对零件进行结构分析、形体分析和工艺分析，据此确定尺寸基准，选择合理的标注形式，结合零件的具体情况标注尺寸。

一、零件的尺寸基准

零件的尺寸基准是指导零件装配到机器上或在加工、装夹、测量和检验时，用以确定其位置的一些面、线或点。一般将基准分为设计基准和工艺基准。前者是根据机器的结构和设计要求，用以确定零件的机器中位置的一些面、线、点，后者是根据零件加工制造、测量和检测等工艺要求所选定的一些面、线、点作为基准。

在零件的长、宽、高三个方向（或轴向、径向两方向）的尺寸，每个尺寸都有基准，因此每个方向至少要有一个基准。同一方向上有多个基准时，其中必定有一个基准是主要的，称为主要基准；其余的基准称为辅助基准。主要基准与辅助基准之间应有尺寸联系。主要基准应为设计基准，同时也为工艺基准；辅助基准可为设计基准或工艺基准。标注尺寸时应尽可能将设计基准与工艺基准统一起来，如回转体的轴线既是径向设计基准，也是径向工艺基准，选其作基准既能满足设计要求，又能满足工艺要求。可作为设计基准或工艺基准的面、线、点主要有：对称平面、主要加工面、结合面、底平面、端面、轴肩平面；回转面母线、轴线、对称中心线；球心等。应根据零件的设计要求和工艺要求，结合零件实际情况恰当选择尺寸基准。

二、尺寸标注的注意事项

① 功能尺寸应从设计基准出发直接标注。

零件的功能尺寸（重要尺寸），是指影响产品性能、工作精度、装配精度及互换性的尺寸。如孔间距、关键位置尺寸等。

② 不能注成封闭的尺寸链。

前已述及，在已经标注了总长和几个连续尺寸后，其中一个不重要的连续尺寸不需标注，否则造成制造的难度。

③ 联系尺寸应注出，相关尺寸应一致。

为保证设计要求，零件同一方向上主要基准与辅助基准之间，确定位置的定位尺寸之间，都必须直接注出尺寸（联系尺寸），将其联系起来。对部件中有配合、连接、传动等关系（如轴和轴孔、键和键槽、销和销孔、内螺纹和外螺纹、两零件的结合面等）的相关零件，在标注它们的零件图尺寸时，应尽可能做到尺寸基准、尺寸标注形式及其内容等协调一致，以利于装配、满足设计要求。

④ 尽量按加工顺序标注尺寸。

按加工顺序标注尺寸符合加工过程，方便加工和测量，从而易于保证工艺要求。

⑤ 不同工种加工的尺寸应尽量分开标注。

将不同的加工要求分开标注，清晰易找，加工时看图方便。

⑥ 标注尺寸应尽量方便测量。

在没有结构图上或其他重要的要求时，标注尺寸应尽量考虑测量方便。例如工件内部的尺寸不易测量时，应该标注外围尺寸。应尽量做到使用普通量具就能测量，以减少专用量具的设计和制造。

⑦ 铸件尺寸按形体分析法标注。

铸件制造过程是先制作木模及芯盒，再造出砂型并浇注金属液而铸成。木模是由基本形体接合（堆叠）成的，因此对铸件尺寸应按形体分析法标注基本形体的定型尺寸和定位尺寸。

⑧ 加工面与不加工面只能有一个尺寸相联系。

因为铸件、锻件的不加工面（毛坯面）的尺寸精度只能由铸造、锻造时来保证，如果同一加工面与多个不加工面都有尺寸联系，加工无法进行。

⑨ 标注尺寸应考虑加工方法和特点。

为方便加工和测量，有时应注直径而不注半径；在键槽加工时，铣刀的直径可用双点画线绘出并标注尺寸，这样便于选用刀具。有时在标注时还要考虑检测方法的某些需要。

三、常见零件结构要素的尺寸标注

在零件中，孔、槽、螺纹、倒角、退刀槽等是重要的结构要素，在标注尺寸时一般可以采用简化注法，见表3-7。

表 3-7　常见结构要素的尺寸标注示例

零件结构类型	常用标注	简化标注	说　明
光孔	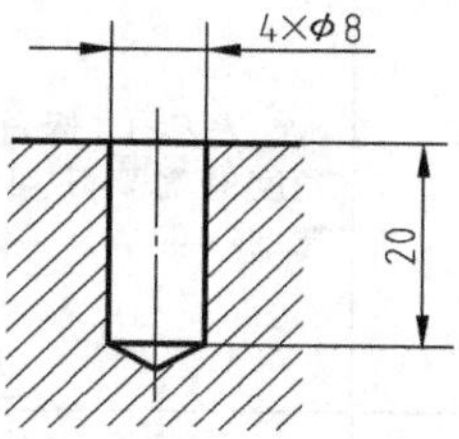	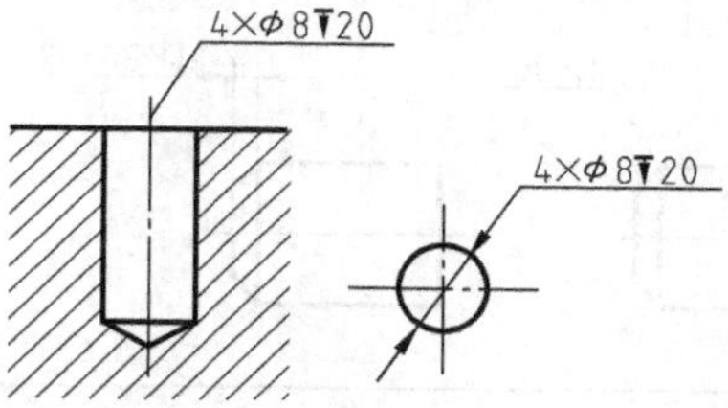	孔深 20mm，4 个直径 8mm 圆孔。有精度要求时可在直径尺寸后注明
螺孔	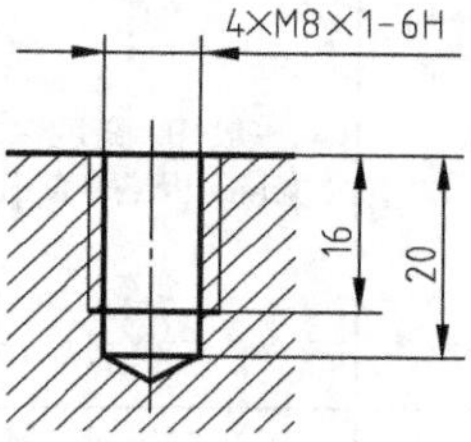	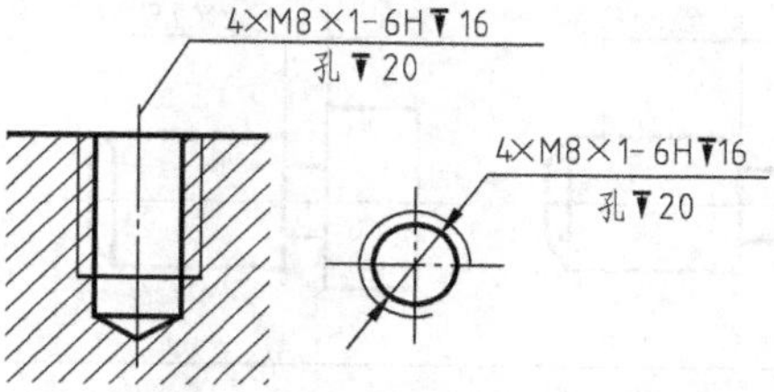	4 个 8mm 螺孔，螺距 1mm，公差带 6H，孔深 20mm
沉孔	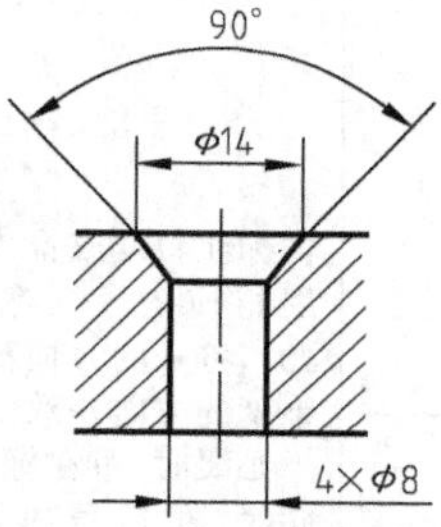	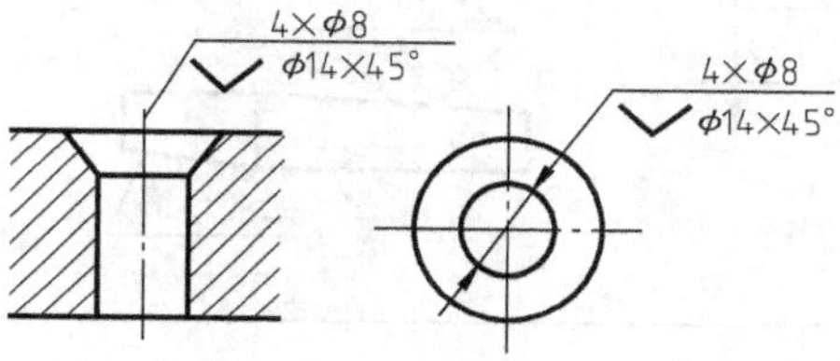	锥形沉孔：4 个均匀分布的直径为 8mm 沉孔。使用 V 字沉孔符号标注
沉孔	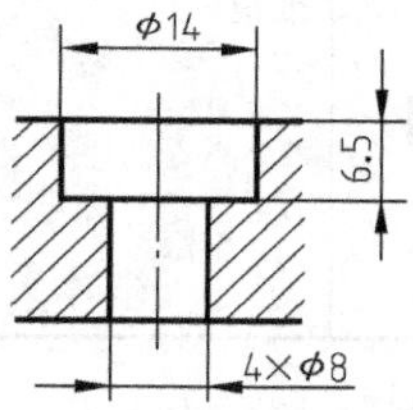	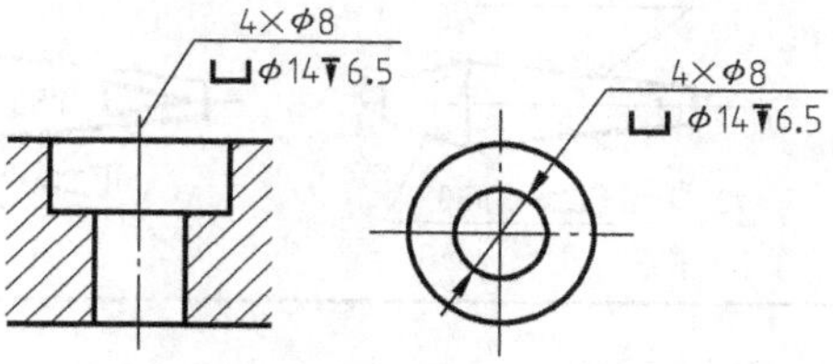	矩形沉孔：4 个均匀分布的直径为 8mm 沉孔。使用 U 字符号标注
沉孔	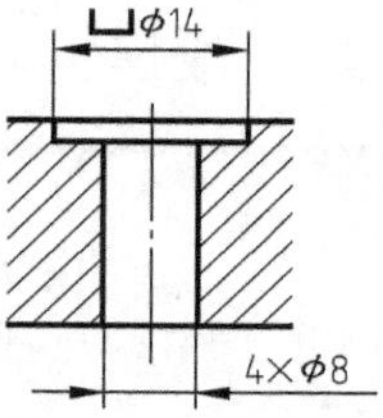	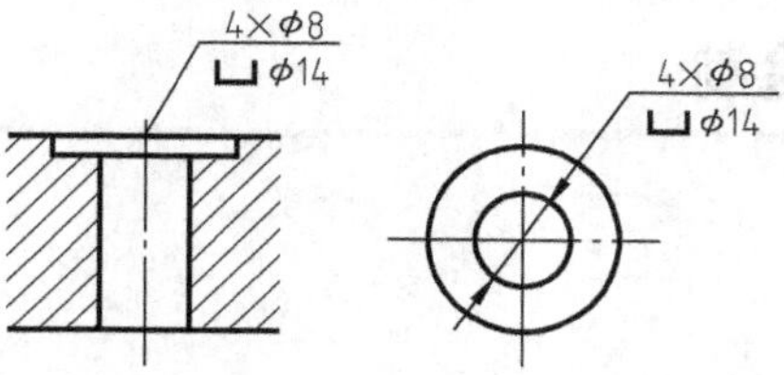	锪平沉孔：锪平面不需标注深度，锪平不出现毛面为止
键槽	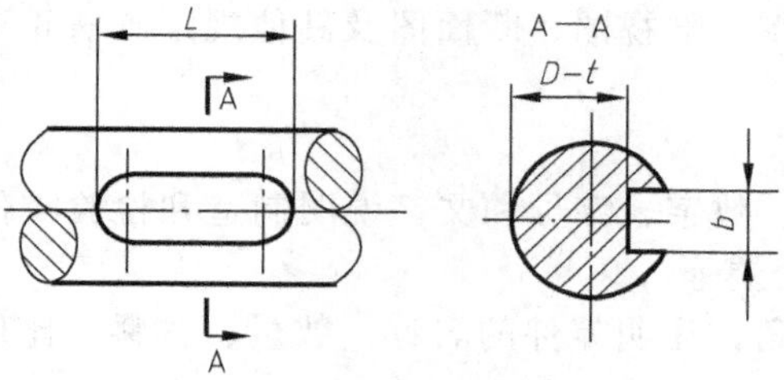		便于测量的注法。L—键槽长度；D—轴的直径；t—键槽深度；b—键槽宽度

零件结构类型	常用标注	简化标注	说　明
倒角	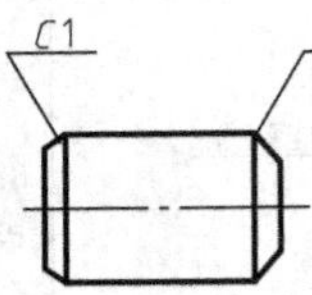	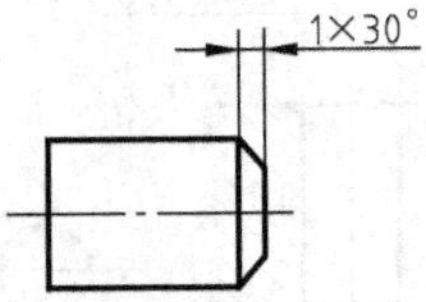	C 表示 45° 倒角,为其他角度时需要注明。"1"为宽度
退刀槽	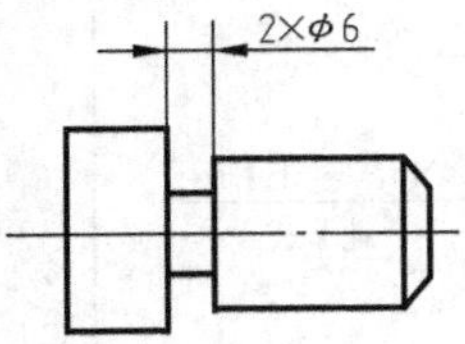	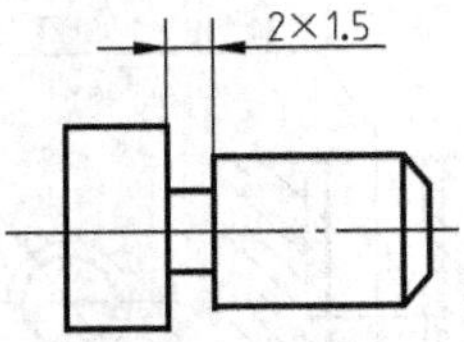	一般用"宽度×直径"或"宽度×槽深"表示
斜度	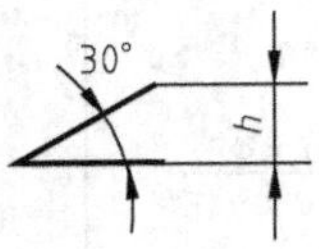 斜度符号	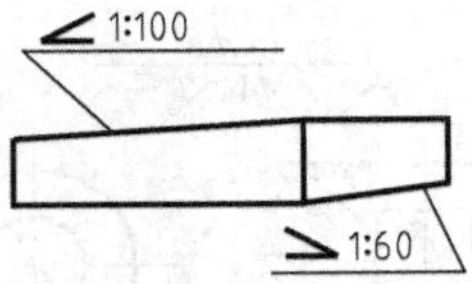	标注斜度或锥度,可以使用相应符号(宽度为 $h/10$),符号的方向要与斜度、锥度的方向一致必要时,可在标注锥度的同时,在括号内标注出角度值
锥度	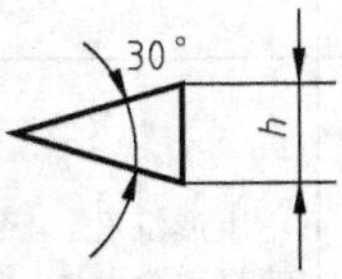 锥度符号	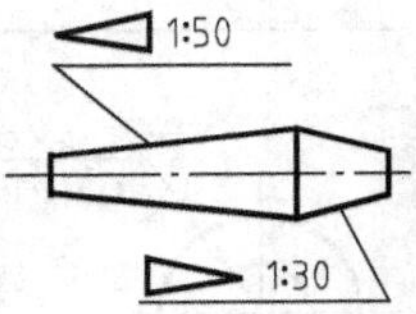 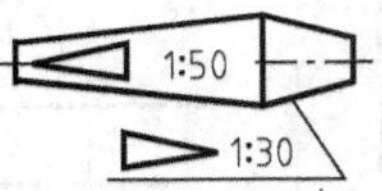	

第四节　零件图的绘制

一、零件图的绘制内容

一张完整的零件图应具备以下内容:

① 一组视图。应用必要的视图、剖视图、断面图及其他规定画法正确、完整、清晰地表达零件各部分结构。

② 合理的尺寸标注。

③ 技术要求。用规定的代号、数字、字母和文字说明制造和检验零件时技术指标应达到的要求。如表面粗糙度、尺寸公差等。

④ 标题栏。位于零件图右下角,注明零件的名称、数量、材料、比例及设计、制图人员的签名,日期等内容。

二、AutoCAD 绘制零件图实例

【利用 AutoCAD 绘制公称直径为 36mm 的法兰主视图】

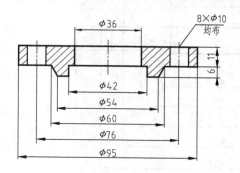

① 设置绘图环境。

按照前面所述完成：a. 设置图形界限；b. 设置图形单位格式；c.设置图层（包括线型、线宽、颜色等）；d. 设置线型比例因子。

② 图样位置的确定。

点击图层状态栏，使中心线为当前图层，在正交状态下，用画线工具在合适位置绘制一条中心线，确定图样的位置（不作长短要求，后面可以调整）。以第一条中心线为基准，绘制第二条中心线（螺栓孔）：利用鼠标捕捉第一条中心线，水平延伸，键入两线间距值"38"，按空格键，垂直拉出第二条中心线；或采用偏移命令，键入偏移值"38"，在第一中心线左侧单击，完成第二条中心线绘制，从而视图的位置被确定。

③ 点击图层状态为粗实线层，用画线工具捕捉第一条中心线为基准，水平拉动，键入"47.5"，确认，再垂直走线，键入"11"，确认，水平回行，键入距离"17.5"，确认，结束（Esc）。用画线工具捕捉粗实线左端起点，垂直走向后，键入数值"11"，确认，水平画线，键入"21"，确认，垂直向下走线，键入"6"，确认，水平向右走线，键入"6"，确认，连接右上角的粗实线端点，完成一半外轮廓的绘制。同样，以中心线为基准，画出孔的轮廓线，见图3-22。注：在绘制倾斜的线段时，需要关掉"正交"状态。

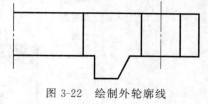

图 3-22　绘制外轮廓线

④ 利用镜像工具产生另一半轮廓线。点击工作栏中的镜像命令，在提示下选择要镜像的部分，回车或按"空格"键确认，选择镜像的第一点和第二点，此处选择中心线，使其以中心线为对称面产生另一半轮廓。如图 3-23 所示。

⑤ 填充剖切线。切换到细实线图层，点击菜单栏的"绘图"—"图案填充"，弹出图案填充对话框，见图3-24。点击"图案"后的复选框，弹出"填充图案选项板"，选择合适的图案，此例选择"JIS_LC_20"，确定后，选择角度（"0"代表正常45°倾斜的剖面线）和比例（此例选0.25）。在对话框的右上部位有确定填充区按钮"添加：拾取点"和"添加：选择对象"，点击后，提示选择需要填充的区域，在区域内点击或选择，回车或按空格键，回到对话框，点"确定"，即可完成填充。

⑥ 书写技术要求和填写标题栏，完成图纸绘制。切换到文字图层，用多行文字命令书写或粘贴文字，编辑文字大小，完成图纸，见图3-25。

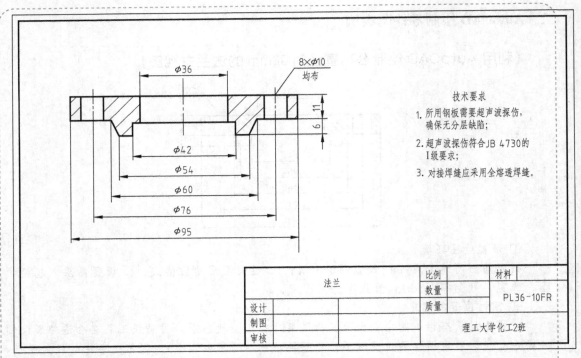

技术要求

1. 所用钢板需要超声波探伤，确保无分层缺陷；
2. 超声波探伤符合JB 4730的I级要求；
3. 对接焊缝应采用全熔透焊缝。

法兰			比例		材料	
			数量		PL36-10FR	
设计			质量			
制图				理工大学化工2班		
审核						

图 3-23　应用镜像命令产生对称图形

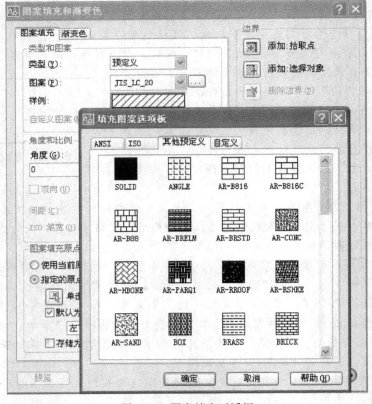

图 3-24　图案填充对话框

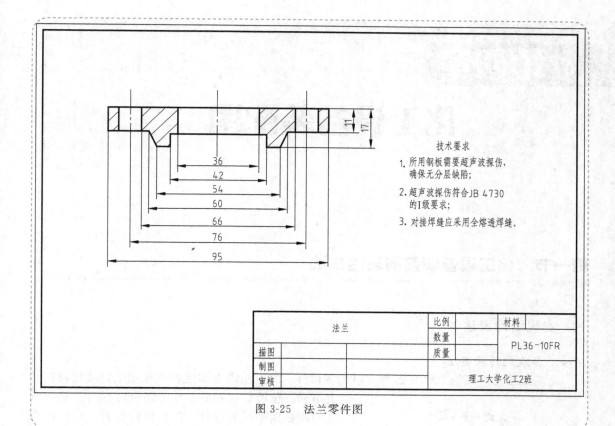

技术要求

1. 所用钢板需要超声波探伤，确保无分层缺陷；

2. 超声波探伤符合JB 4730的I级要求；

3. 对接焊缝应采用全熔透焊缝。

	法 兰		比例		材料	
			数量			PL36-10FR
描图			质量			
制图						
审核			理工大学化工2班			

图 3-25 法兰零件图

习 题 三

1. 用 AutoCAD 绘制图 3-26 所示的筛板，盘面直径为 106mm，其厚度为 10mm，筛孔直径为 7mm，正三角形等距排列。要求：（1）在 A4 幅面绘制，比例自拟，注写标题栏；（2）绘制主视图和俯视图；（3）采用简化画法；（4）正确标注相关尺寸；（5）输出为 PDF 格式。

2. 绘制长轴为 600mm、壁厚 8mm、直边 40mm、高 150mm 的椭圆形封头，标注尺寸，输出为 PDF 格式。

3. 写出下列符号的含义：

（1）M10×1.2

（2）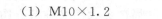

（3）2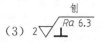

（4）

（5）ϕ50H7

（6）ϕ40H8/f7

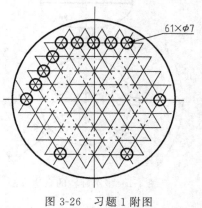

图 3-26 习题 1 附图

第四章
化工设备装配图

第一节　化工设备装配图表达方法

一、宏观结构表达

1. 多次旋转表达法

化工设备壳体四周分布有各种管口和零部件，为了清晰地表达在主视图上，假想将设备上不同方位的管口和零部件分别旋转到与主视图所在的投影面平行的位置，然后进行投影。这样画出的主视图能够清楚地表达管口和零部件的形状和轴向位置，见图 4-1。这种多次旋转的画法在回转体视图中被经常采用。

化工设备接管和附件多，其方位关乎制造、安装和使用，必须在图样中表达清晰。为了配合旋转法表达化工设备图，需要提供表示管口在设备上真实方位的管口方位图（图 4-2）。在管口方位图中，以中心线表明管口方位，用单线（粗实线）示意画出设备管口。同一管口，在主视图和方位图中应标注相同的小写拉丁字母。

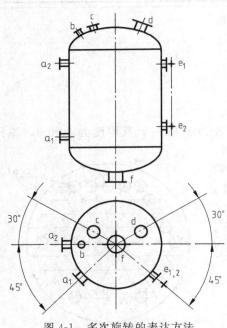

图 4-1　多次旋转的表达方法

2. 放大表达法

设备某些局部尺寸很小，在设备图上难以表达，这时，可以采用局部视图方法，放大表达局部结构，画法上与零件图的绘制相同。例如，设备中的焊缝可以单行画出，其局部放大图又称节点图，如图 4-3 所示。

3. 夸大表达法

在绘制大型设备时，经常遇到设备中有过小尺寸的结构，如薄壁、垫片、折流板等，无法按比例画出，这时可采用夸大画法，也就是不按比例夸大地画出它们的厚度或结构。

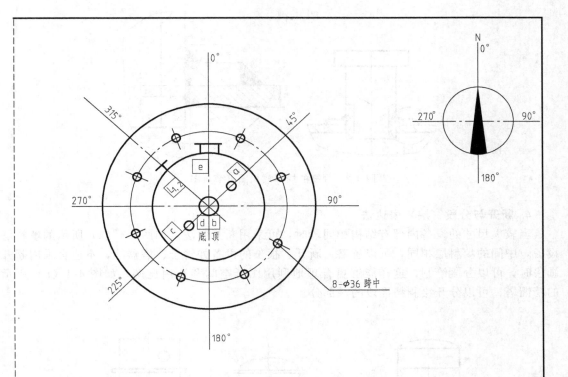

说明：1.应在裙座或容器外壁上用油漆标明0°的位置，以便现场安装时识别方位用；
2.铭牌支架的高度应能使铭牌露在保温层之外。

设备装配图图号 ××××

管口符号	公称通径	连接形式及标准	用途或名称	管口符号	公称通径	连接形式及标准	用途或名称
c	25	GB 9115.10—88RF *PN* 2.5	压力计口	L₁,₂	32	GB 9115.10—88RF *PN* 2.5	进料口
b	80	GB 9115.10—88RF *PN* 2.5	气体出口	e	500	GB 9115.10—88RF *PN* 2.5	人孔
a	25	GB 9115.10—88RF *PN* 2.5	温度计口	d	32	GB 9115.10—88RF *PN* 2.5	液体出口

| 工程名称： | | 年 | 区号 |
| 设计项目： | | 专业 | |

编制			T×××× ××××塔			
校核			管口方位图(例图)			
审核				第　页	共　页	版

图 4-2　管口方位图

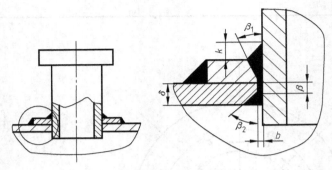

图 4-3　焊缝的局部放大图（节点图）

4. 断开与分段（层）表达法

当较大尺寸的设备内部有结构相同段时，可采用断开画法。如图 4-4（a）所示的填料塔设备，中间的填料层相同，可以省略、断开。很长的设备如管子、塔器等，不适合采用断开画法时，可以分段绘制，这样能够更合理地利用图纸空间和选用比例，如图 4-4（b）所示的精馏塔，可以分开绘制精馏段的一部分。

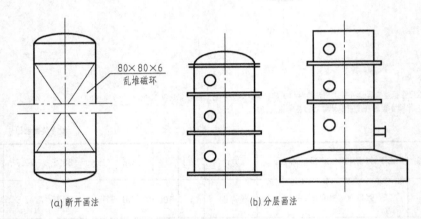

图 4-4　断开与分段（层）的表达方法

5. 单线示意表达法

当设备需要表达的局部结构，如壁面厚度、管口、零部件等，已经被剖视、断面、局部放大图等方法表示清楚时，其装配图允许用单线（粗实线）表示。

6. 重复结构简化表达法

对于相同的重复结构，如法兰上的螺栓孔和螺栓连接结构，可以采用简化画法：不绘制螺栓孔的投影，只画出其中心线和轴线，如图 4-5（a）所示。在装配图中，螺栓连接处不必画出螺母，可用符号"×"（粗实线）表示，若数量多且均匀分布，可以只画出几个表示在孔中心的交叉线符号表示其分布方位，如图 4-5（b）所示。

7. 管法兰简化表达法

化工设备图中，不论法兰的连接面是什么形式（平面、凹凸面、榫槽面），管法兰的画法均可简化成如图 4-5（c）所示的形式。

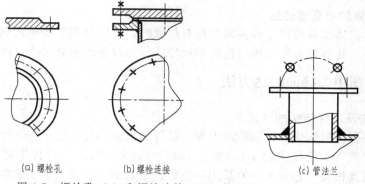

(a) 螺栓孔   (b) 螺栓连接   (c) 管法兰

图 4-5 螺栓孔 (a) 和螺栓连接 (b)、管法兰 (c) 的简化画法

8. 填充物和管束的简化表达法

在设备中按同样方式充填同一规格材料时，只需用细实线交叉表示填充物，注明充填方式和规格。对不同材料或不同规格的填充物，分别用交叉线绘制，并标明规格和填充方法。如图 4-4 所示。设备内按照同样规律排布的管束，不必——画出，只需要表达管道中心线的位置，画其中一根或少数几根表示连接方式和尺寸。

9. 标准零部件和外购零部件的简化表达法

标准零部件都有标准图，因此在设备图中不必详细画出，如图 4-6 (a) 所示，只需按比例绘制其外形特征简图，并在明细栏中注明名称、规格、标准号等。

在设备装配图中的外购零部件，只需根据尺寸按比例用粗实线画出其外形轮廓简图，如图 4-6 (b) 所示，并在明细栏中注明其名称、规格、主要性能参数和"外购"字样。

10. 液面计的简化画法

液面计在设备装配图中可以简化表达，例如：可用细点划线和符号"＋"（粗实线）简化表示带有两个接管的玻璃管液面计，如图 4-7 所示。

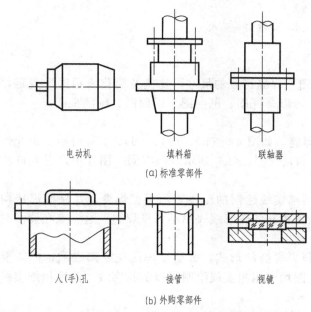

电动机   填料箱   联轴器

(a) 标准零部件

人(手)孔   接管   视镜

(b) 外购零部件

图 4-6 标准零部件和外购零部件的简化画法

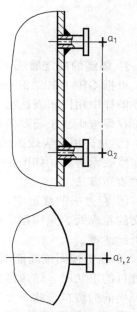

图 4-7 液面计的简化表达法

11. 设备整体的示意表达法

当需要表达整体设备的尺寸和各部分相对位置时，可以只用单线按比例绘制其完整形状和接管、人（手）孔等零部件的相对位置和尺寸，称为设备的示意画法（图4-4）。

二、化工设备图中焊缝的表达方法

1. 焊接方法及焊接接头的形式

焊接方法主要包括熔化焊、固相压力焊、钎焊三大类共几十种。在设计文件中常需要注明焊接代号。焊接方法代号见表4-1（摘自GB/T 5185—2005）。每种工艺方法可通过代号加以识别：焊接及相关工艺方法一般采用三位数代号表示。其中，第一位数代号表示工艺方法大类，第二位数字代号表示工艺方法分类，而第三位数字代号表示某种工艺方法。大类代号：1—电弧焊；2—电阻焊；3—气焊；4—压力焊；5—高能束焊；7—其他焊接方法；8—气割和气刨；9—硬钎焊、软钎焊及钎接焊。

表 4-1　常见焊接方法代号（GB/T 5185—2005）

代号	焊接方法	代号	焊接方法	代号	焊接方法	代号	焊接方法
111	焊条电弧焊	22	缝焊	313	氢氧焊	81	火焰切割
12	埋弧焊	221	搭接缝焊	51	电子束焊	82	电弧切割
122	带极埋弧焊	291	高频电阻焊	511	真空电子束焊	91	硬钎焊
21	点焊	311	氧-乙炔焊	71	铝热焊	916	感应硬钎焊
211	单面点焊	312	氧-丙烷焊	72	感应焊	942	火焰软钎焊

根据金属构件连接部分相对位置的不同，常见的焊缝接头形式如图4-8所示。

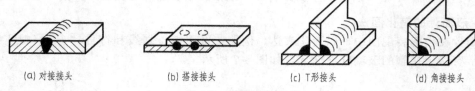

(a) 对接接头　　　　(b) 搭接接头　　　　(c) T形接头　　　　(d) 角接接头

图 4-8　焊缝接头形式

2. 焊缝的规定画法（图示法）

根据GB/T 12212—2012《技术制图　焊缝符号的尺寸、比例及简化表示法》规定，焊缝在图样中用图示表达法（见图4-9），可以是视图、剖面图、断面图、轴测视图。

在焊缝画法中需要依据如下规定：

① 允许用细实线栅线示意地表示焊缝，如图4-9（b）、（c）、（d）、（i）所示，也允许用粗实线表示焊缝，如图4-9（a）、（e）、（f）、（g）、（h）所示，但在同一图样中，只允许使用一种表达方法。

② 在过去的规定中，一般而言，用细实线绘制的栅线表示可见焊缝，并保留焊接构件相交的轮廓线。只用粗实线绘制焊接构件相交的轮廓线表示不可见焊缝。这一点在读图时需要引起注意。

③ 在剖视图或断面图中，一般应画出焊缝的形式，金属熔焊区应涂黑表示，但需要表达坡口的形状时，熔焊区的视图和剖视图均可用粗实线绘制焊接的轮廓线，内部用细实线表示焊接前的坡口形状，见图4-9（g）、（h）。

④ 可用轴测视图示意地表示焊缝，见图4-9（i）。

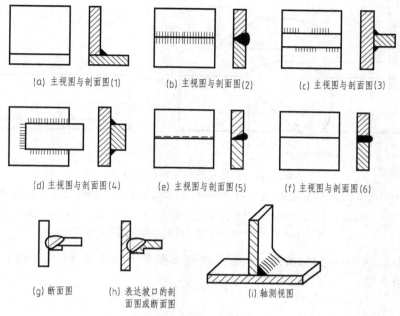

(a) 主视图与剖面图(1)   (b) 主视图与剖面图(2)   (c) 主视图与剖面图(3)

(d) 主视图与剖面图(4)   (e) 主视图与剖面图(5)   (f) 主视图与剖面图(6)

(g) 断面图   (h) 表达坡口的剖面图或断面图   (i) 轴测视图

图 4-9　焊缝的规定画法

　　⑤ 对于设备上某些重要的焊缝，需用局部放大图（亦称节点图），详细地表示出焊缝结构的形状和有关尺寸，标注工件厚度、坡口角度、根部间隙、钝边长度等，见图 4-10，在设备制图中被经常采用。

　　⑥ 除节点图外，焊缝的尺寸一般不标注，而是注写在焊缝符号上，见下面的符号图示法。当设计或制造需要对焊缝尺寸进行标注时，应该依据 GB/T 12212—2012 的要求进行，见图 4-11。

　　⑦ 在视图中将某些加工完毕的金属构件视为整体时，其焊缝可以省略不画。

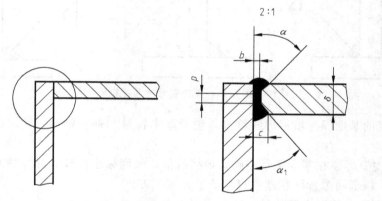

图 4-10　节点图

δ—工件厚度；α—坡口角度；α₁—另一侧坡口角度；b—根部间隙；c—焊缝宽度；p—钝边

3. 焊缝的符号表示法

　　为了具体表达焊接结构，一般在图示的同时，还要正确标注焊缝符号。焊缝的符号组成要符合 GB/T 324—2008 和 GB/T 12212—2012 的规定，同时要满足 GB/T 16901.2—2013《技术文件用图形符号表示规则　第二部分　图形符号》的要求。焊缝的符号表达由指引线

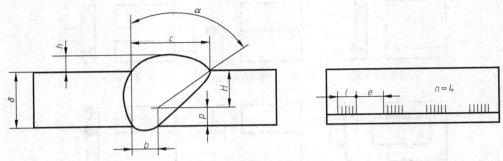

图 4-11　常见焊缝尺寸的标注格式

α—坡口角度；⬭—焊缝轮廓线；b—根部间隙；c—焊缝宽度；e—焊缝间距；H—坡口深度；

h—余高；l—焊缝长度；n—焊缝段数；p—钝边；δ—工件厚度；K—焊角高度

（此图无标示）；R—根部半径（指 U 形焊，此图无标示）

和基本符号组成，指引线为细实线，由箭头线与 2 条基准线组成（1 实 1 虚），必要时加上
90°尾部，见图 4-12。

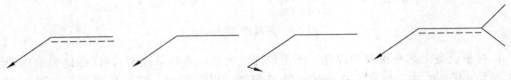

图 4-12　符号表示法中的指引线形式

　　绘制焊缝符号注意事项：如图 4-13 所示，绘制时：①基准线一定要水平，虚线可在实
线的任一侧；②箭头指向焊缝侧，基本符号要注在实线上；③若基本符号在虚线侧，则表示
焊缝在非箭头侧；④对称焊缝及双面焊，可省去虚基准线。

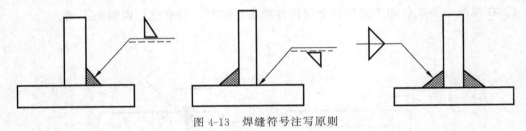

图 4-13　焊缝符号注写原则

　　在指引线的基准线上填写焊缝符号，包括基本符号和补充符号，注写格式如图 4-14 所
示。规则：

　　① 尺寸主要标注在基本符号左侧，焊缝数量、长度标注在基本符号的右侧，坡口角度、
坡口面角度、根部间隙标注在基本符号的上方或下方。

　　② 焊接方法、相同焊缝数量标注在尾部。

　　③ 基本符号的右侧无任何尺寸标注又无任何说明时，表明焊缝在整个长度方向上是连
续的。

　　④ 基本符号的左侧无任何尺寸标注又无任何说明时，表明对接焊缝应完全焊透。

　　（1）基本符号　表示焊缝横截面形状的符号，用粗实线绘制，近似于焊缝横断面坡口的
形状。焊缝图形符号的线宽和字体笔画的宽度应依据设备视图图线的宽度和数字、大写字母
的高度确定，各种线型的宽度见表 4-2。常用焊缝基本符号画法见表 4-3，绘制尺寸要以焊

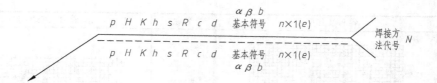

图 4-14　焊缝符号注写格式

α—坡口角度；β—坡口面角度（单侧坡口面与铅锤线的夹角）；b—根部间隙；c—焊缝宽度；
d—点焊的融核直径或塞焊的孔径；e—焊缝间距；H—坡口深度；h—余高；l—焊缝长度；
n—焊缝段数；p—钝边；δ—工件厚度（在工件视图上标注）；K—焊脚高度（角焊缝）；
R—根部半径（指 U 形焊）；s—焊缝有效厚度

缝图形符号的线宽和字体笔画的宽度（d'）为依据。

表 4-2　焊缝图形符号及各种线型的宽度（GB/T 12212—2012）　　　　单位：mm

项目 \ 尺寸系列	1	2	3	4	5
可见轮廓线宽度	0.5	0.7	1	1.4	2
细实线宽度	0.25	0.35	0.5	0.7	1
数字和大写字母的高度(h)	3.5	5	7	10	14
焊缝图形符号的线宽①和字体笔画的宽度($d'=1/10h$)	0.35	0.5	0.7	1	1.4

① 当焊缝图形符号与基准线的线宽比较接近时，允许将焊缝符号加粗表示。

（2）补充符号　表示焊缝特征的符号，用粗实线绘制，宽度应符合表 4-2 的要求。不需要确切说明时可以不用补充符号。常用的补充符号及标注示例见表 4-4。

表 4-3　常用焊缝基本符号画法（d'为焊缝图形符号的线宽和字体笔画的宽度）

名称	符号及其尺寸	名称	符号及其尺寸
卷边焊缝	$R8.5d'$　$3d'$　$10d'$	带钝边 U 形焊缝	$R4.5d'$　$10d'$　$3d'$
V 形焊缝	$10d'$　60°	封底焊缝	$R8d'$　$5d'$
带钝边 V 形焊缝	$10d'$　$4d'$	塞焊缝或槽焊缝	$12d'$　$7d'$

名称	符号及其尺寸	名称	符号及其尺寸
I形焊缝	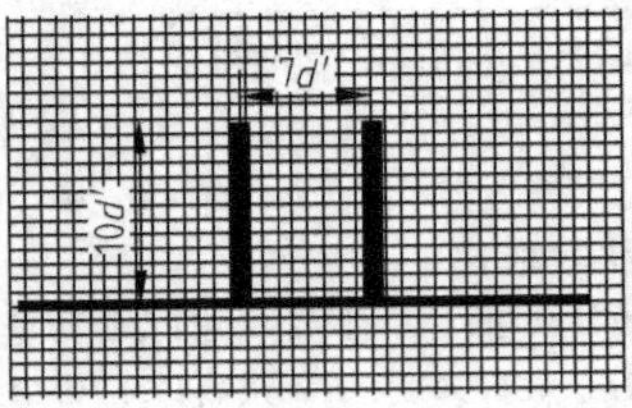 （7d'、10d'）	带钝边J形焊缝	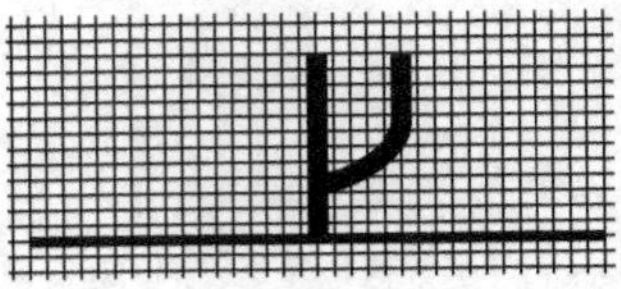
单边V形焊缝	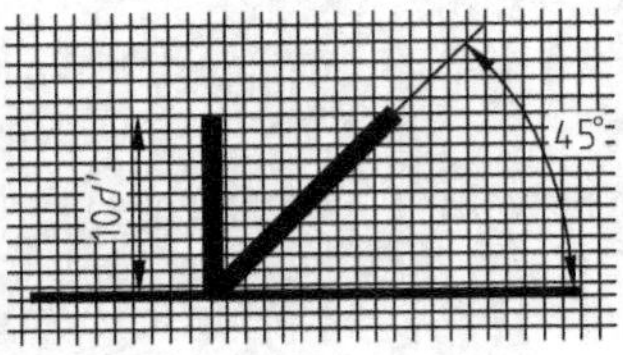 （10d'、45°）	角焊缝	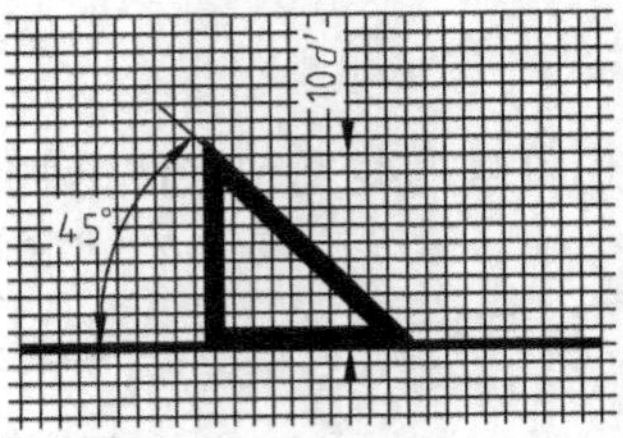 （10d'、45°）
带钝边单边V形焊缝	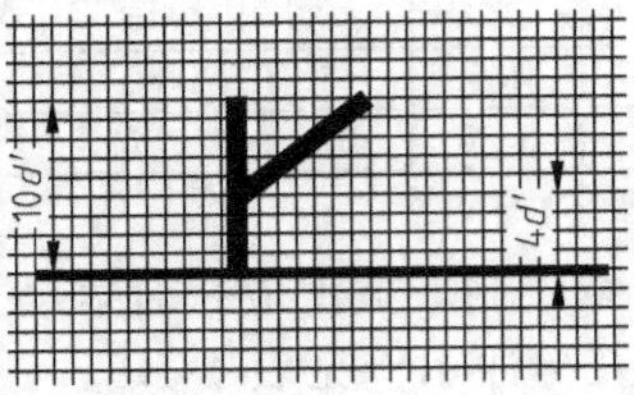 （10d'、4d'）	点焊缝（过中心，也有偏离中心者）	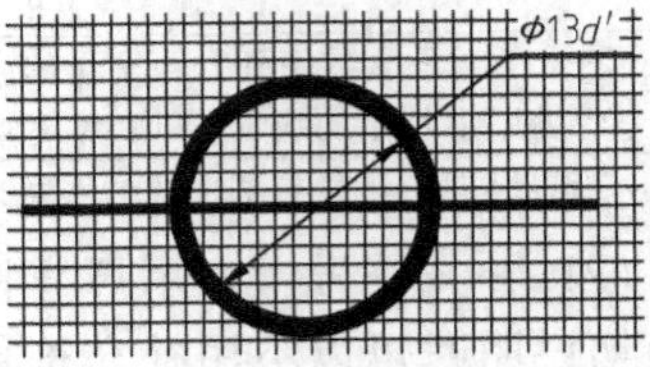 （φ13d'）

注：其他基本符号请查阅 GB/T 12212—2012。

表 4-4　常用补充符号及标注示例（d'为焊缝图形符号的线宽和字体笔画的宽度）

名称	符号及绘制尺寸	形式及示例	说明
平面	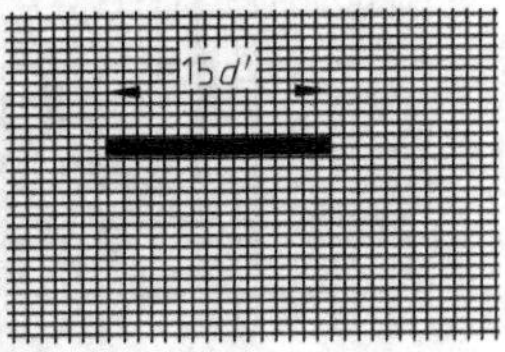 （15d'）	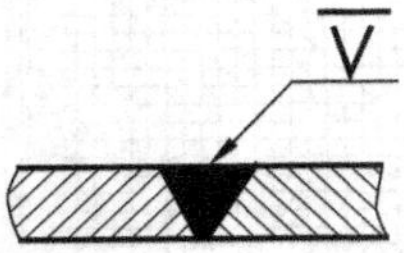	V形对接焊缝表面平齐
凹面	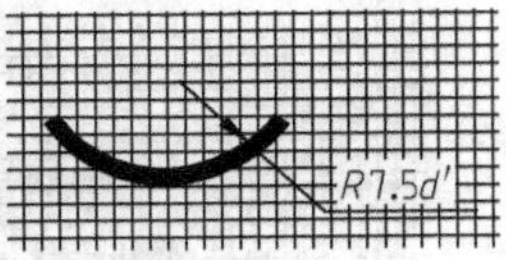 （R7.5d'）	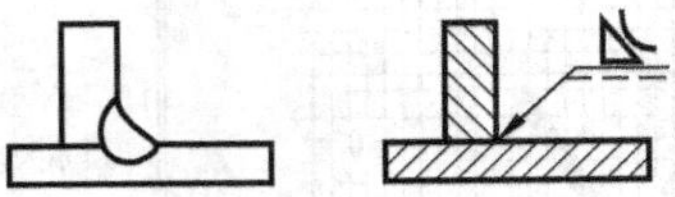	箭头侧为凹面角焊缝
凸面	尺寸要求同上	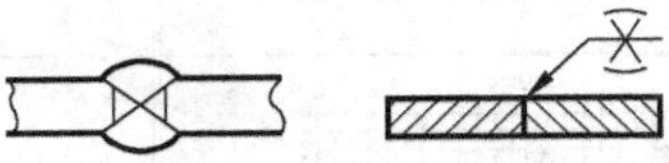	表面突起的双面V形焊缝
永久衬垫	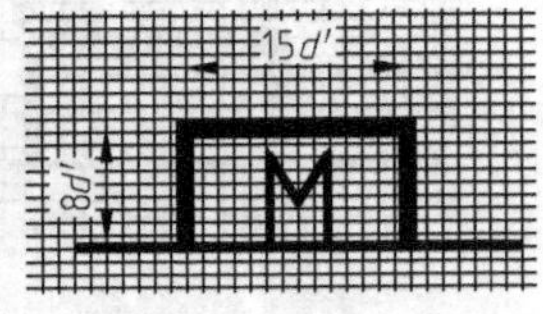 （15d'、8d'、M）		V形焊接，焊完后衬垫不拆除

名称	符号及绘制尺寸	形式及示例	说明
临时衬垫	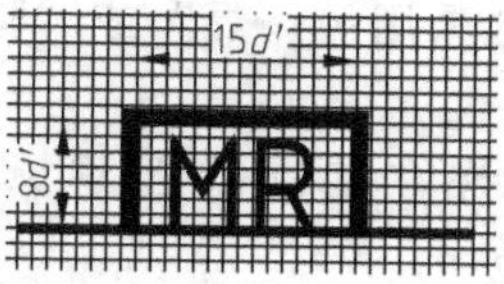 $15d'$ $8d'$ MR	略	焊完后衬垫拆除
三面焊接	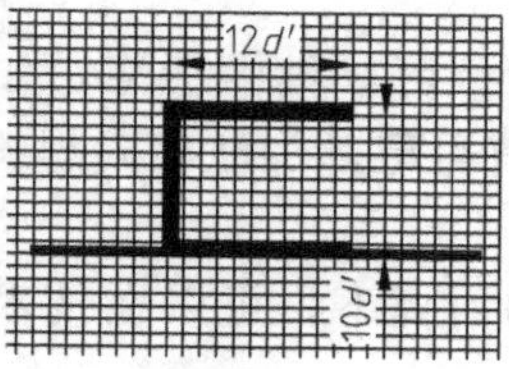 $12d'$ $10d'$	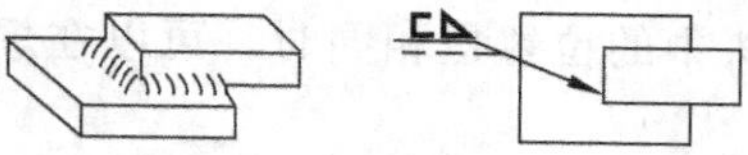	三面焊接角焊缝,开口方向与工件的实际方向一致
周围焊接	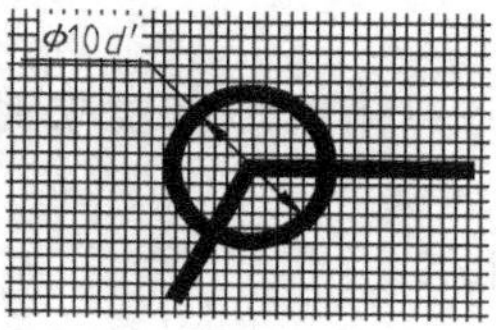 $\phi10d'$	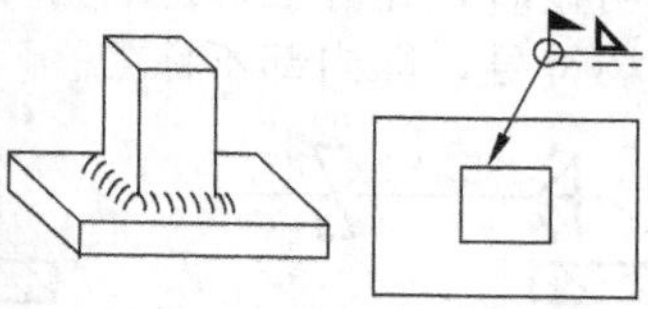	现场进行周围焊接的角焊缝,在箭头所指侧
现场焊接	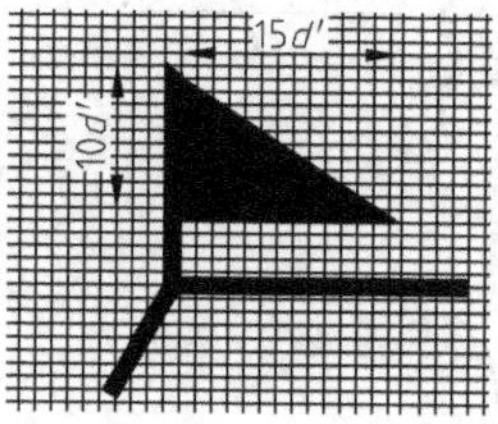 $15d'$ $10d'$		
直角尾部	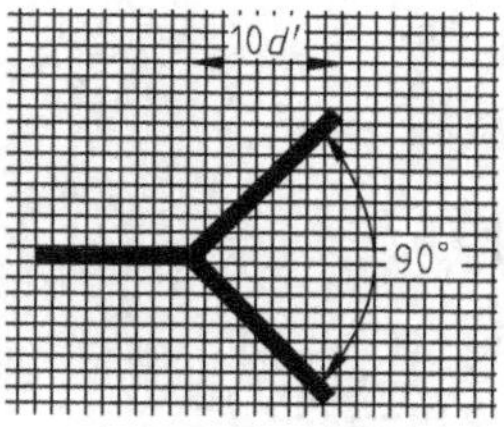 $10d'$ $90°$	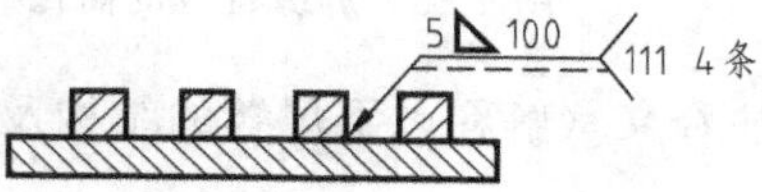 5 △ 100 111 4条	在箭头侧用焊条电弧焊焊接角焊缝,焊脚尺寸5mm,焊缝长度为100mm,共4条图样的焊缝
交错断续焊接符号	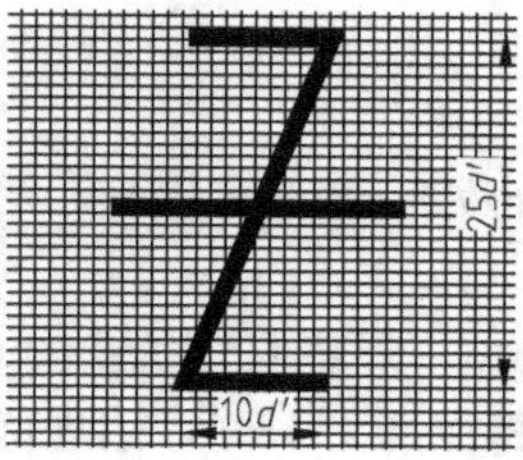 $25d'$ $10d'$	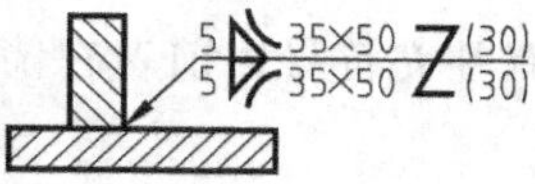 5 △ 35×50 Z (30) 5 △ 35×50 Z (30)	对称交错断续角焊缝,表面为凹面,焊脚尺寸为5mm,相邻焊缝的间距为30mm,焊缝段数为35,每段焊缝长度为50mm

4. 焊缝符号的简化标注法

① 当图样中所有的或绝大部分的焊接方法相同时，焊缝符号尾部可以不注明焊接方法代号，但必须在技术要求或其他技术文件中注明"全部焊缝采用……焊"或"除图样中注明的焊接方法外，其他焊接均采用……焊"等字样。

② 在焊缝符号中标注交错对称焊缝的尺寸时，允许在基准线上只标注一次，见图4-15（a）。

③ 当断续焊缝、对称断续焊缝、交错断续焊缝的段数无严格要求时，允许省略段数。如图4-15（b）所示。

④ 同一图样中，当若干条焊缝符号、坡口尺寸相同时，可以集中标注，如图4-15（c）所示。当这些焊缝在接头中的位置也相同时，可以在焊缝符号尾部加注相同焊缝的数量，如图4-15（d)所示。

⑤ 同一图样中全部焊缝相同，且已经明确表示位置的前提下，可以在技术要求中注明"全部焊缝为 5◿"。

⑥ 当空间有限，无法标注焊缝符号时，允许用一个简化代号表示，但在下方或标题栏附近说明简化代号的含义。

⑦ 在不致引起误解的前提下，箭头指向焊缝一侧，另一侧无焊缝要求时，允许省略虚线。

⑧ 焊缝长度已经比较明显时，允许在焊缝符号中省略长度。

⑨ 允许使用简化的现场符号，即内部不涂黑。

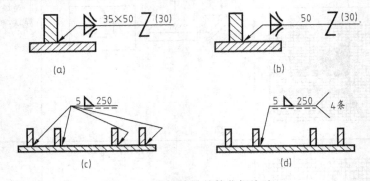

图 4-15 焊缝符号的简化标注法

标注示例：焊缝标注释义（解释以下焊缝的结构及尺寸）

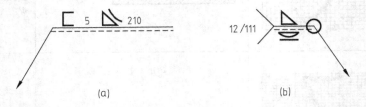

分析：两个焊缝符号都有补充符号，前者在箭头所指的另一侧没有焊缝，后者箭头所指的两侧均有焊缝。

释义：①表示凹面角焊缝在箭头一侧，焊脚尺寸为 5mm，焊缝长度为 210mm，工件三面带有焊缝；②进行周围焊接，用手工电弧焊形成的角焊缝在箭头一侧，用埋弧焊形成的封底焊缝在箭头所指的另一侧，封底焊缝表面平齐。

第二节　化工设备图的绘制

原则上，化工设备的每个零部件及设备均应单独绘制图样，但符合下列情况，可不单独绘制图样：

① 符合国家标准、专业标准的标准零部件或外购件，如螺栓螺母、电机等。

② 尺寸与标准件相同，但材料不同。需要在明细栏内注明。

③ 结构简单、能够在装配图或部件图上表达清楚，又不需要进行机械加工的浇入件、铆焊件等。

④ 几个铸件在制造过程中需要一起备模划线的零件，应按部件图绘制，不必绘制单独零件图，如栅板。

⑤ 两个简单的对称零件，可只画一个。装配图单独编号，零件图中加注说明。

⑥ 形状相同、结构简单的数个零件，可用表格图。

一、复核资料

画图之前，为了减少画图时的错误，应联系设备的结构对化工工艺所提供的资料进行详细核对，以便对设备的结构做到心中有数。

1. 设备设计条件单

化工工艺人员依据工艺要求，提出设备设计条件单，见表 4-5。设备条件单的内容包括：①设备简图（单线图）；②技术特性指标（工艺要求）；③管口表。设备设计人员依据设计条件单进行详细设计，提供设计图纸和技术要求。

2. 设备机械设计

化工设备的机械设计是在设备的工艺设计之后进行的。根据设备的工艺条件（包括工作压力、温度、介质特性、结构型式和尺寸、管口方位、标高等），围绕着设备内、外附件的选型进行机械结构设计，围绕着确定厚度大小进行强度、刚度和稳定性的设计和校核计算。这一步往往通过"边算、边选、边画、边改"的做法来进行。一般步骤如下。

① 全面考虑按压力大小、温度高低和腐蚀性大小等因素来选材。通常先按压力因素来选材；当温度高于 200℃或低于－40℃时，温度就是选材的主要因素；在腐蚀强烈或对反应物及物料污染有特定要求的，腐蚀因素又成了选材的依据。在综合考虑以上几方面同时，还要考虑材料的加工性能、焊接性能及材料的来源和经济性。

② 选用零部件。设备内部附件结构类型，如塔板、搅拌器形式，常由工艺设计而定；外部附件结构型式，如法兰、支座、加强圈、开孔附件等，在满足工艺要求条件下，由受力条件、制造、安装等因素决定。

③ 计算外载荷，包括内压、外压、设备自重，零部件的偏载、风载、地震载荷等，常用列表法、分项统计的方法来进行。

④ 强度、刚度、稳定性设计项校核计算。根据结构型式、受力条件和材料的力学性能、耐腐蚀性能等进行强度、刚度和稳定性计算，最后确定出合理的结构尺寸。因大多数工况下强度是主要矛盾，所以有的设备设计常不作后两项计算。

⑤ 绘制设备总装图。对初学者，常采用"边算、边选、边画、边改"的做法，初步计算后，确定大体结构尺寸，分配图纸幅面，轻轻给出视图底稿，待尺寸最后确定后再加深成

正式图纸或输出。

表 4-5　设计条件单

条件内容修改								参考图		容器条件图	
修改标记	修改内容	签字	日期	修改标记	修改内容	签字	日期	设计参数及要求			
								项目		容器内(壳程)	夹套(管)内(管程)
简图说明			比例					工作介质	名称	液氨	
									组分		
									相对密度	0.61(常温下)	
									特性	中度危害	
									黏度		
									工作压力/MPa	1.8	
									设计压力/MPa	2.24	
								安全装置	位置/形式		
									规格/数量		
									开启(爆破)压力/MPa		
									工作温度/℃	42.5	
									设计温度/℃	50	
									环境温度/℃		
									壁温/℃		
									全容积/m³	5.8	
									操作容积/m³	5.0	
									传热面积/m²		
									换热管		
									拆流板/支承板		
									腐(磨)蚀速率		
									设计寿命		
									壳体材料	16MnR	
									内件材料		
									衬里防腐要求		
								保温材料	名称		
									厚度/mm		
									容重/(kg/m³)		
									基本风压		
									地震基本裂度		
									场地类别		
									催化剂容积/密度		
									搅拌转速/(r/min)		
									电机功率		
									密闭要求		
									操作方式及要求		
									静电接地		
									安装检修要求		
									管口方位		
									其他要求		

接管表

符号	公称尺寸/mm	公称压力/MPa	链接尺寸标准	连接面形式	用途
A	50	4.0	HG 20595—1997	FM	液氨进口
B	20	4.0	HG 20595—1997	FM	回流进液口
C₁,₂	82	4.0	HG 20595—1997	FM	控液计接口
D	32	4.0	HG 20595—1997	FM	压力平衡口
E	15	4.0	HG 20595—1997	FM	放油口
F	25	4.0	HG 20595—1997	FM	压力表接口
G	32	4.0	HG 20595—1997	FM	安全阀口
H	15	4.0	HG 20595—1997	FM	放空口
I	50	4.0	HG 20595—1997	FM	液氨出口
J₁,₂	20	4.0	HG 20595—1997	FM	液控位接口
K	450	4.0	—	—	人孔
L	32	4.0	HG 20595—1997	FM	排污口

专业	设计	效核	审核	日期	位号/合数	工程名称	
工艺						设计项目	
管道					液氨储槽	设计阶段	
电控						条件编号	

二、作图过程

1. 选定表达方案

通常对立式设备采用主、俯两个基本视图，而卧式设备采用主、左两个基本视图，来表达设备的主体结构和零部件间的装配关系。再配以适当的局部放大图，补充表达基本视图尚未表达清楚的部分。主视图一般采用全剖视（或者局部剖视），各接管用多次旋转的方法画出。

2. 确定视图比例，进行视图布局

按设备的总体尺寸确定基本视图的比例并选择好图纸的幅面，注意图纸的使用方向。化工设备图的视图布局较为固定，可参照有关立式设备和卧式设备的装配图进行。在整个图纸上确定装订边，划分绘图区和表格区，从而进行视图的布局，见图4-16。

3. 画视图底稿和标注尺寸

布局完成后，开始画视图的底稿。画图时，一般按照"先画主视后画俯视；先画外件后画内件；先定位后定形；先主体后零部件的顺序进行"。视图的底稿完成后，即可标注尺寸。

利用 CAD 制图时，首先要设置好图层、比例和绘图界限，先绘制设备的中心线，再绘制主结构线、放大图、剖面线、指引线，最后进行尺寸标注。

（1）尺寸种类　设备图的尺寸包括：规格性能尺寸、装配尺寸、安装尺寸、外形尺寸、其他尺寸。

（2）尺寸基准　选择尺寸基准应该遵循"清晰、易辨、就近及标注最少"的原则，避免重复标注尺寸。优先选择以下尺寸基准：

① 设备筒体和封头的中心线和轴线。

② 设备筒体和封头焊接时的环焊缝。

③ 设备容器法兰的端面。

④ 设备支座的底面。

（3）典型结构尺寸注法

筒体尺寸：标注内容、壁厚和高度（或长度）。

封头尺寸：般标注壁厚和封头高（包括直边高度）。

管口尺寸：标注规格尺寸和伸出长度。

规格尺寸：直径×壁厚（无缝钢管为外径，卷焊钢管为内径），图中一般不标注。

伸出长度：管口在设备上的伸出长度，一般标注管法兰端面到接管中心线和相接零件（如筒体和封头）外表面交点间的距离，如图4-17所示。

当设备上所有管口的伸出长度都相等时，图上可不标注，而在附注中写明，或在管口表中注明。

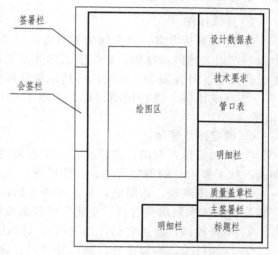

图 4-16　图纸布局和区域划分

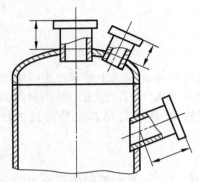

图 4-17　接管伸出长度的表示方法

4. 编写各种表格和技术要求

完成明细栏、管口表、技术特性表、技术要求和标题栏等内容。

5. 检查、描深图线

底稿完成后，应对图样进行仔细全面检查，无误后再描深图线或布局输出。

绘图示例：

1. 复核资料

检查由工艺人员提供的资料，主要复核以下内容：① 设备示意图，如前面的表 4-5 所示；② 设备容积 $V_g = 5.8 \text{m}^3$；③ 设计压力 2.24MPa；④ 设计温度 50℃；⑤ 管口表，审核各接管的尺寸、规格、制造标准是否齐全。

2. 具体作图

① 选择表达方案。根据储槽的结构，可选用两个基本视图（主、俯视图），并在主视图中作剖视以表达内部结构，俯视图表达外形及各管口的方位。此外，还用一个局部放大图详细表达人孔、补强圈和筒体间的焊缝结构及尺寸。

② 确定比例、进行视图布局。选用 1:10 的比例。局部用 1:2 或 1:5，必须在图中标注。

③ 确定图纸幅面。

④ 图面安排：视图，主标题栏、主签署栏、质量及盖章栏、明细栏、管口表、设计数据表、技术要求、制备签署栏、会签栏等。

⑤ 画视图底稿。画图时，从主视图开始，画出主体结构即筒体、封头；在完成壳体后，按装配关系依次画出接管口、支座等外件的投影；最后画局部放大图。

⑥ 检查校核，修正底稿，加深图线（CAD 制图不含此项）。

⑦ 标注尺寸，编写序号，制作管口表、设计数据表、标题栏、明细栏，注写技术要求，完成全图。

3. 填写设计数据表和书写技术要求

在设备装配图中，需要详细填写设计数据表，参见图 4-18。

技术要求是用文字说明的设备在制造、试验和验收时应遵循的标准、规范或规定，以及对材料、表面处理及涂饰、润滑、包装、运输等方面的特殊要求，其基本内容包括以下几方面。

① 通用技术条件 通用技术条件是指同类化工设备在制造、装配和检验等方面的共同技术规范，已经标准化，可直接引用。

② 焊接要求 主要包括对焊接方法、焊条、焊剂等方面的要求。

③ 设备的检验 包括对设备主体的水压和气密性试验，对焊缝的探伤等。

④ 其他要求 设备在机械加工、装配、防腐、保温、运输、安装等方面的要求。

不同设备技术要求的填写请参照《化工设备图样技术要求 2012》。在《化工设备设计文件编制规定》（HG/T 20668—2000）中推荐的各表中字体尺寸：汉字 3.5 号，英文 2 号，数字 3 号，格数按需确定。

4. 填写管口表

管口表的示例格式如图 4-19 所示，应该按照设计条件单的要求和现行国家标准填写内

设计数据表 DESIGN SPECIFICATION						
规范 CDDE						
	容器 VESSLE	夹套 JECKET	压力容器类别 PRESS VESSLE CLASS			
介质 FLUID			焊条型号 WELDING ROD TYPE		按JB/T 4709—2000规定	
介质特性 FLUID PERFORMANCE			焊接规程 WELDING CODE		按JB/T 4709—2000规定	
工作温度 WORKING TEMP IN/OUT /℃			焊缝结构 WEL DING STRUCTURE		除注明外采用全焊透结构	
工作压力 WORKING PRESS /MPaG			除注明外角焊缝腰高 THICKNESS OF FILLET WELDEXCEPTNOTED			
设计温度 DESIGN TEMP /℃			管法兰与接管焊接标准 WELDING BETW PIPE FLANGE AND PIPE			
设计压力 DESIGN PRESS /MPaG				焊接接头类别 WELDED JOINT CATEGORY	方法-检测率 EX.METHOD%	标准-级别 STD-CLASS
腐蚀裕量 CORR ALLOW /mm			无损检测 N.D.E	容器 VESSLE		
焊接接头系数 JOINT EFF				夹套 JECKET		
热处理 PWHT				容器 VESSLE		
水压试验压力卧式/立试 HYDRO TESTPRESS /MPaG				夹套 JECKET		
气密性试验压力 GASLEAKAGE TESTPRESS /MPaG			全容积 FULL CAPACITY /m^3			
加热面积 TRANSSURFACE /m^2			搅拌器形式 AGITATOR TYPE			
保温层厚度/防火层厚度 INSULATION/FIRE PROTECTION /mm			搅拌器转速 AGITATOR SPEED			
表面防腐要求 REQUIREMENT FORANTI-CORROSION			电动机功率 防爆等级 B.H.P/ENCLOSURE TYPE			
其他 OTHER			管口方位 NOZZLE ORIENTATION			

10　20　10　10×n　15　50　20　20　15　7.5　50　20　180

图 4-18　设计数据表示例

管口表							
符号	公称尺寸	公称压力	连接标准	法兰形式	连接面形式	用途和名称	设备中心线至法兰面距离
A	250	2	HG206/5	WN	平面	气体进口	880
B	800	2	HG206/5			人孔	见图
C	150	2	HG206/5	WN	平面	液体进口	880
D	50×50				平面	加料口	见图
E	ϕ500×200					手孔	见图
$F_{1,2}$	15	2	HG206/5	WN	平面	取样口	见图

5　10　8×n　15　15　15　25　20　20　40　180

图 4-19　管口表的示例格式

部数据。

5. 绘制明细栏

在装配图中，各零件必须标注序号并编入明细栏。

明细栏一般放在标题栏上方，并与标题栏对齐。用于填写组成零件的序号、名称、材料、数量、标准件规格以及零件热处理要求等。相关规定请参照国家标准（GB/T 10609.2—2009）。

绘制标题栏时，应注意以下问题：

① 明细栏和标题栏的分界线是粗实线，明细栏的外框竖线是粗实线，横线和内部竖线均为细实线（包括最上一条横线）。

② 填写序号时应由下向上排列，这样便于补充编排序号时被遗漏的零件。当标题栏上方位置不够时，可在标题栏左方继续列表由下向上延续。

③ 标准件的国标代号应写入备注栏。备注栏还可用以填写该项的附加说明或其他有关的内容。按照GB/T 10609.2—2009，明细栏有四种不同格式可供用户使用，图 4-20 所示为常见的一种明细栏尺寸要求及填写示例。

⋮							
3	GB 93—85	垫圈 27	4	65Mn	0.02	0.08	
2	GB/T 119—1986	圆柱销	2	45			
1	KJT-25A-1	罐体 $PN0.6, DN100$	1	组合件		998	
件号 Parts NO.	图号或标准号 Draw NO. or STD.NO.	名称 PARTS.NAME	数量 QTY.	材料 MAT'L	单 总 质量 Msss/kg		备注 REMARKs
8	40	44	8	38	22		20

图 4-20　明细栏尺寸要求及填写示例

6. 绘制标题栏

每张技术图样中均应有标题栏，格式按第一章规定，学校作业可使用简易标题栏。

图样名称：填写所绘制对象的名称，对于化工设备而言，一般分两行填写，第一行填设备名称、规格及图别（装配图、零件图等），第二行填设备位号；设备名称由化工名＋设备结构名组成，如聚乙烯反应釜。

图样代号：按有关标准或规定填写图样的代号。如设备图中的图号格式为：

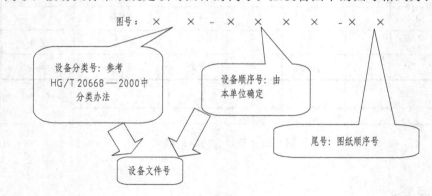

7. 描图或输出

审核与校对后，进行描图或输出。

第三节　化工设备图的阅读

一、读化工设备图的基本要求

通过化工设备图的阅读，应达到以下基本要求。

① 了解设备的名称、用途、性能和主要技术特性。

② 了解各零部件的材料、结构形状、尺寸以及零部件间的装配关系。

③ 了解设备整体的结构特征和工作原理。

④ 了解设备上的管口数量和方位。

⑤ 了解设备在设计、制造、检验和安装等方面的技术要求。

阅读化工设备图的方法和步骤与阅读机械装配图基本相同，但应注意化工设备图独特的内容和图示特点。

二、读化工设备图的一般方法和步骤

阅读化工设备图，一般可按下列方法步骤进行。

（一）概括了解

首先看标题栏，了解设备名称、规格、绘图比例等内容；看明细栏，了解零部件的数量及主要零部件的选型和规格等；粗看视图并概括了解设备的管口表、技术特性表及技术要求中的基本内容。

（二）详细分析

（1）视图分析　了解设备图上共有多少个视图，哪些是基本视图？各视图采用了哪些表达方法？并分析各视图之间的关系和作用，等等。

（2）零部件分析　以主视图为中心，结合其他视图，将某一零部件从视图中分离出来，并通过序号和明细栏联系起来进行分析。零部件分析的内容包括：①结构分析，搞清该零部件的形式和结构特征，想象出其形状；②尺寸分析，包括规格尺寸、定位尺寸及注出的定形尺寸和各种代（符）号；③功能分析，搞清它在设备中所起的作用；④装配关系分析，即它在设备上的位置及与主体或其他零部件的连接装配关系。

对标准化零部件，还可根据其标准号和规格查阅相应的标准进行进一步的分析。

分析接管时，应根据管口符号把主视图和其他视图结合起来，分别找出其轴向和径向位置，并从管口表中了解其用途。管口分析实际上是设备的工作原理分析的主要方面。

化工设备的零部件一般较多，一定要分清主次，对于主要的、较复杂的零部件及其装配关系要重点分析。此外，零部件分析最好按一定的顺序有条不紊地进行，一般按先大后小、先主后次、先易后难的步骤，也可按序号顺序逐一地进行分析。

（3）分析工作原理　结合管口表，分析每一管口的用途及其在设备的轴向和径向位置，从而搞清各种物料在设备内的进出流向，这即是化工设备的主要工作原理。

（4）分析技术特性和技术要求　通过技术特性表和技术要求，明确该设备的性能、主要技术指标和在制造、检验、安装等过程中的技术要求。

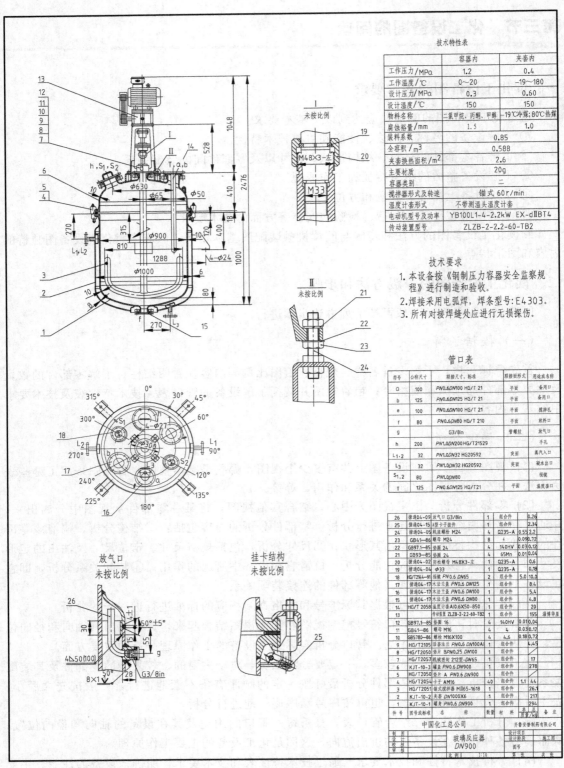

技术特性表

	容器内	夹套内
工作压力/MPa	1.2	0.4
工作温度/℃	0~20	-19~180
设计压力/MPa	0.3	0.60
设计温度/℃	150	150
物料名称	二氯甲烷、丙酮、甲醇	-19℃冷媒；80℃热煤
腐蚀裕量/mm	1.5	1.0
装料系数	0.85	
全容积/m³	0.588	
夹套换热面积/m²	2.6	
主要材质	20g	
容器类别	二	
搅拌器形式及转速	锚式 60 r/min	
温度计套形式	不带测温头温度计套	
电动机型号及功率	YB100L1-4-2.2kW EX-dⅡBT4	
传动装置型号	ZLZB-2-2.2-60-TB2	

技术要求

1. 本设备按《钢制压力容器安全监察规程》进行制造和验收。
2. 焊接采用电弧焊，焊条型号：E4303。
3. 所有对接焊缝处应进行无损探伤。

管口表

符号	公称尺寸	联接尺寸、标准	联接面形式	用途或名称
a	100	PN0.6 DN100 HG/T 21	平面	备用口
b	125	PN0.6 DN125 HG/T 21	平面	备用口
e	100	PN0.6 DN100 HG/T 21	平面	搅拌孔
f	80	PN0.6 DN80 HG/T 210	平面	放料口
g		G3/8in	管螺纹	放气口
h	200	PN1.0 DN200 HG/T21529		手孔
L1,2	32	PN1.0 DN32 HG20592	突面	蒸汽入口
L3	32	PN1.0 DN32 HG20592	突面	凝水出口
S1,2	80	PN1.0 DN80		视镜
T	125	PN0.6 DN125 HG/T21	平面	温度套口

26	搭通04-09	放气口 G3/8in	1	组合件		0.26	
25	搭通04-15	A型卡子挂件	1	组合件		2.34	
24	搭通04-05	机座螺栓 M24	4	Q235-A	0.55	2.2	
23	GB41-86	螺母 M24	8	HV	0.09	0.72	
22	GB97.1-85	垫圈 24	4	140HV	0.03	0.12	
21	GB93-85	垫圈 24	1	65Mn	0.01	0.04	
20	搭通04-02	防松螺母 M48X3-左	1	Q235-A		0.6	
19	搭通04-04	φ33	1			0.18	
18	HG/T21⁴⁴-91	视镜 PN0.6 DN65	2	组合件	5.0	10.0	
17	搭通04-17	水法兰盖 PN0.6 DN125	1	组合件		8.4	
16	搭通04-17	水法兰盖 PN0.6 DN100	1	组合件		5.4	
15	搭通04-17	水法兰盖 PN0.6 DN80	1	组合件		4.8	
14	HG/T 2058	温度计套 Al0.6X50-850	1	组合件		20	
13		传动装置 ZLZB-2-2.2-60-TB2	1			155	淄博单星
12	GB97.1-85	垫圈 16	4	140HV	0.01	0.04	
11	GB41-86	螺母 M16	4		0.03	0.12	
10	GB5780-86	螺栓 M16X100	4	4.6	0.18	0.72	
9	HG/T2105	活套法兰 PN0.6 DN100Aᴵ	1	组合件		4.45	
8	HG/T2050	垫片 B PN0.25 DN100A	1	组合件			
7	HG/T2057	机械密封 212型 DN65	1	组合件		17	
6	KJT-10-3	罐盖 PN0.6 DN900	1	组合件		278	
5	HG/T2050	垫片 A PN0.6 DN900	1	组合件			
4	HG/T2054	十字 AM16	40	组合件	1.1	44	
3	HG/T2051	锚式搅拌器 MⅡ65-1618	1	组合件		26.1	
2	KJT-10-2	夹套 DN100X6	1	组合件		217	
1	KJT-10-1	罐身 PN0.6 DN900	1	组合件		294	
序号	图号或标准	名称	数量	材料	单重	总重	备注

中国化工总公司 齐鲁安泰制药有限公司

制图				玻璃反应器	设计阶段	施工图
设计				DN900	设计数数	
校核					图号	
审核				比例 1:10	第张 共张	

图 4-21 反应器装配图

放气口
未按比例

挂卡结构
未按比例

I
未按比例
M48X3-左
M33

II
未按比例

110 化工制图

（三）归纳总结

在零部件分析的基础上，将各零部件的形状以及在设备中的位置和装配关系，加以综合，并分析设备的整体结构特征，从而想象出设备的整体形象。还需对设备的用途、技术特性、主要零部件的作用、各种物料的进出流向即设备的工作原理和工作过程等进行归纳和总结，最后对该设备获得一个全面的、清晰的认识。

三、读图实例

下面以图 4-21 所示反应器为例，说明化工设备图的读图方法和步骤。

（一）概括了解

图 4-21 中的设备名称是玻璃反应器，其用途是完成物料间的反应，规格是 $DN900$，绘图比例 1∶10。

该设备用了 1 个主视图、1 个俯视图、4 个局部视图。

（二）详细分析

(1) 视图分析 图 4-21 中主视图采用全剖视表达反应器的主要结构、各个管口和零部件在轴线方向上的位置及装配情况；主视图上可以见到各个管节，采用的是旋转剖视的画法。俯视图标注了各个管口的方向。

局部放大图 Ⅰ 表达的是搅拌主轴连接情况，Ⅱ 表达搅拌器机架在封头上的连接情况。分别对封头法兰与筒身连接处和夹套上的出气管进行了局部表达，未按比例绘制。

(2) 零部件分析 该设备筒体和夹套间是焊接结构，筒体、封头与容器法兰的连接都采用了焊接，具体结构可以从局部放大图查看。搅拌器的形式是锚式，上面连有电机和减速器。管口 a 的法兰连接面形式是平面。设备的管口较多，具体位置要结合主视图和俯视图。

(3) 分析工作原理（管口分析） 从管口表可知设备工作时，加热或冷却介质从接管 L_1 或 L_2 进出，完成对釜内物料温度的控制。釜内物料在搅拌作用下反应，反应液可以从底部或顶部走出反应器。

(4) 技术特性分析和技术要求 从图中可知该设备按《钢制压力容器安全监察规程》等进行制造、试验和验收，并对焊接方法、焊接形式、质量检验提了要求。

（三）归纳总结

由前面的分析可知，该反应器的主体结构由圆柱形筒体和椭圆形封头通过法兰连接构成，带有电动搅拌器和夹套，能够实现含有液相物料的反应。

习 题 四

1. 图 4-22 所示为焊缝表示符号，请说明各图表达的焊缝内容。

2. 按图 4-23 所示的储罐示意图绘制其装配图。说明：(1) 储罐公称直径为 2000，筒身长度为 5000，壁厚为 6；(2) 封头为椭圆形封头，封头高度为 400，直边高度 30；(3) 上方接管位于最顶部，间距自拟，接管圆筒直径为 45，伸出长度 100；(4) 支座距离最近端封头焊缝 200，支座的尺寸自拟；(5) 右端为液位计，接管公称直径为 25，壁厚 5。请依据合理

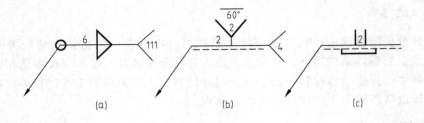

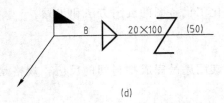

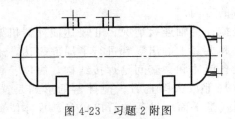

图 4-22　习题 1 附图

的尺寸设计其位置，采用简单画法。要求：（1）在 A3 图纸中绘制，自行设定比例；（2）采用两个基本视图和局部视图，局部视图的个数和内容不限，标注尺寸；（3）注写完整的表格和技术要求；（4）以 PDF 文档格式上交作业。

图 4-23　习题 2 附图

第五章

化工工艺流程图

化工工艺流程图是施工图的一种，而化工行业新建、扩建或改建的施工图设计，是工艺设计的最终成品，按照 HG/T 20519.2～HG/T 20519.6—2009 规定，它由文字说明、表格和图纸三部分组成。分为提交业主和内部文件两类文件，见表 5-1。

表 5-1　施工图成品文件组成

序号	名　　　称	提交业主	内部文件	备注
1	图纸目录	√		总则
2	设计说明(包括工艺、布置、管道、绝热及防腐设计说明)	√		总则
3	工艺及系统设计规定		√	工艺系统
4	首页图	√		工艺系统
5	管道及仪表流程图	√		工艺系统
6	管道特性表	√		工艺系统
7	设备一览表	√		工艺系统
8	特殊阀门和管道附件数据表	√		工艺系统
9	设备布置设计规定		√	设备布置
10	分区索引图	√		设备布置
11	设备布置图	√		设备布置
12	设备安装材料一览表	√		设备布置
13	管道布置设计规定		√	管道布置
14	管道布置图	√		管道布置
15	软管站布置图	√		管道布置
16	伴热站布置图和伴热表	√		管道布置
17	伴热系统图	√		管道布置
18	管道轴测图索引及管道轴测图	√		管道布置
19	管段材料表索引及管段材料表	√		管道布置
20	管架表	√		管道布置
21	设备管口方位图	√		管道布置
22	管道机械设计规定		√	管道机械
23	管道应力计算报告		√	管道机械
24	管架图索引及特殊管架图	√		管道机械
25	波纹膨胀节数据表	√		管道机械
26	弹簧汇总表	√		管道机械
27	管道材料控制设计规定		√	管材
28	管道材料等级索引表及等级表[①]		√	管材

序号	名　称	提交业主	内部文件	备注
29	阀门技术条件表	√		管材
30	绝热工程规定		√	
31	防腐工程规定		√	
32	特殊管件图	√		管材
33	隔热材料表	√		管材
34	防腐材料表	√		管材
35	综合材料表	√		管材

① 管道材料等级索引表提交业主。

　　本章在介绍工艺流程图基本知识的基础上，着重讲述工艺流程图的组成内容、各部件的绘制方法或标注要求，如生产工艺流程图中设备如何表示、物料管线如何绘制、仪器仪表如何表示等。

第一节　化工工艺制图一般规定

　　化工工艺流程图是用来表达整个工厂或车间生产流程的图样。它既可用于设计开始时施工方案的讨论，亦是进一步设计施工流程图的主要依据。它通过图解的方式体现出如何由原料变成化工产品的全部过程。化工工艺流程图的设计过程可以分为如下三个阶段：

　　①生产工艺流程示意图——②生产工艺流程草图——③生产工艺流程图。

　　生产工艺流程图的设计或绘制过程是随着化工工艺设计的展开而逐步进行的。化工工艺设计是化工工程设计的主体，它是整个工程设计成败优劣的关键。就工艺设计而言，首先要进行的是生产工艺流程的设计，就是如何从原料通过化工过程和设备，经过化学或物理变化逐步变成需要的产品，即化工产品。在复杂的化工生产过程中，原料不是直接变成产品的，与此同时还会产生副产品、废渣、废液和废气等，有的副产品还要经过一些加工步骤才成为合格的副产品，而生产的三废又必须经过合格处理后才能抛弃和排放。因此，生产工艺流程的设计是一项非常复杂而细致的工作，除了极少数工艺流程十分简单外，都要经过反复推敲，精心安排，不断修改和完善才能完成。随着生产工艺流程设计的不断展开，就需要绘制生产工艺流程示意图、生产工艺流程草图和生产工艺流程图等。

　　工艺流程设计是设计方案中规定的原则和主导思想的具体体现，也是下一步工艺设计和其他各专业设计的基础，即决定了以后工艺设计和其他专业设计的内容和条件。

　　一般在编制设计方案时，生产方法和生产规模确定后就可以考虑设计并绘制生产工艺流程示意图了。有了工艺流程示意图就可以进行物料衡算、能量衡算以及部分设备计算，然后才可以进行生产工艺流程草图的设计及绘制。待设备设计全部完成后，再修改和补充工艺流程草图，由流程草图和设备设计进行车间布置，根据车间布置图再来修改工艺流程草图，最后得出工艺流程图。

一、图线

　　① 所有图线都要清晰光洁、均匀，宽度应符合要求，平行线间距至少要大于 1.5mm，以保证复制件上的图线不会分不清或重叠。

　　② 图线宽度分三种：粗线、中粗线、细线，规格见表 5-2。

③ 图线用法的一般规定见表 5-2。

二、文字

① 汉字宜采用长仿宋体或者正楷体（签名除外）。并要以国家正式公布的简化字为标准，不得任意简化、杜撰。

② 字体高度参照表 5-3 选用。

表 5-2　图线用法及宽度

类别		图线宽度/mm			备注
		0.6～0.9	0.3～0.5	0.15～0.25	
工艺管道及仪表流程图		主物料管道	其他物料管道	其他	设备、机器轮廓线 0.25mm
辅助管道及仪表流程图、公用系统管道及仪表流程图		辅助管道总管、公用系统管道总管	支管	其他	
设备布置图		设备轮廓	设备支架、设备基础	其他	动设备（机泵等）如只绘出设备基础，图线宽度用 0.6～0.9mm
设备管口方位图		管口	设备轮廓、设备支架、设备基础	其他	
管道布置图	单线（实线或虚线）	管道		法兰、阀门及其他	
	双线（实线或虚线）		管道		
管道轴侧图		管道	法兰、阀门、承插焊螺纹连接的管件的表示线	其他	
设备支架图和管道支架图		设备支架及管架	虚线部分	其他	
特殊管件图		管件	虚线部分	其他	

注：凡界区线、区域分界线、图形接续分界线的图线采用双点划线，宽度均用 0.5mm。

表 5-3　字体高度

书写内容	推荐字高/mm	书写内容	推荐字高/mm
图表中的图名及视图符号	5～7	图名	7
工程名称	5	表格中的文字	5
图纸中的文字说明及轴线号	5	表格中的文字（格高小于 6mm 时）	3
图纸中的数字及字母	2～3		

三、首页图

在工艺设计施工图中，将设计中所采用的部分规定以图表形式绘制成首页图，以便更好地了解和使用各设计文件。图幅大小可根据内容而定，一般为 A1，特殊情况可采用 A0 图幅。

首页图包括如下内容：

① 管道及仪表流程图中所采用的管道、阀门及管件符号标记、设备位号、物料代号和管道标注方法等。具体见有关设计规定。

② 自控（仪表）专业在工艺过程中所采取的检测和控制系统的图例、符号、代号等。其他有关需说明的事项。

　　工艺流程图是用于表达生产过程中物料的流动次序和生产操作顺序的图样。由于不同的使用要求，属于工艺流程图性质的图样有许多种。在某些论文或教科书中见到的工艺流程图多较简单，不按统一标准绘制，只是表达了主要的生产单元及物流走向，如图5-1所示的精馏工艺流程图。

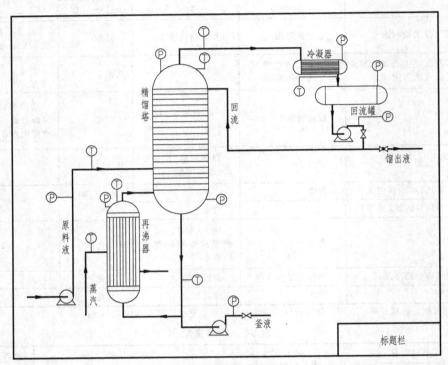

图 5-1　精馏工艺流程图

　　较规范的工艺图流程图一般有以下3种。

一、总工艺流程图

　　也称全厂物料平衡图，也可称为方案流程图，如图5-2所示，用于表达全厂各生产单位（车间或工段）之间主要物流的流动路线及物料衡算结果。

二、物料流程图（PFD）

　　也称方案流程图，是在总工艺流程图的基础上，分别表达各车间内部工艺物料流程的图样，如图5-3所示。

三、带控制点工艺流程图（PID）

　　也称生产控制流程图或施工工艺流程图，它是以物料流程图为依据，内容较为详细的一种工艺流程图，如图5-4所示。

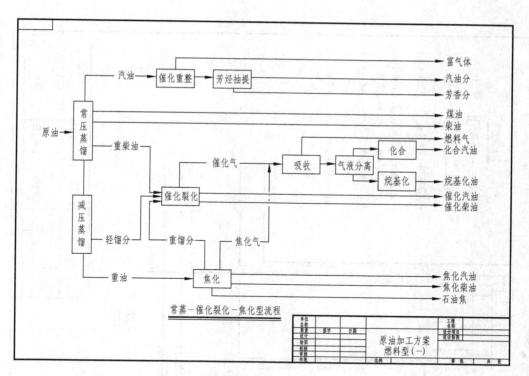

图 5-2 某分区总工艺流程图

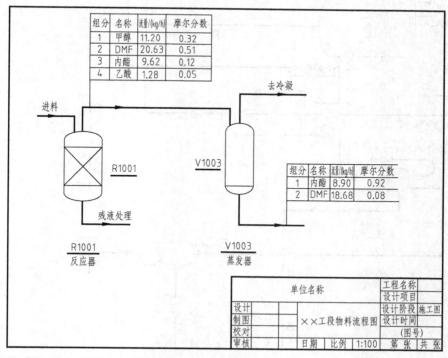

图 5-3 某车间物料流程图

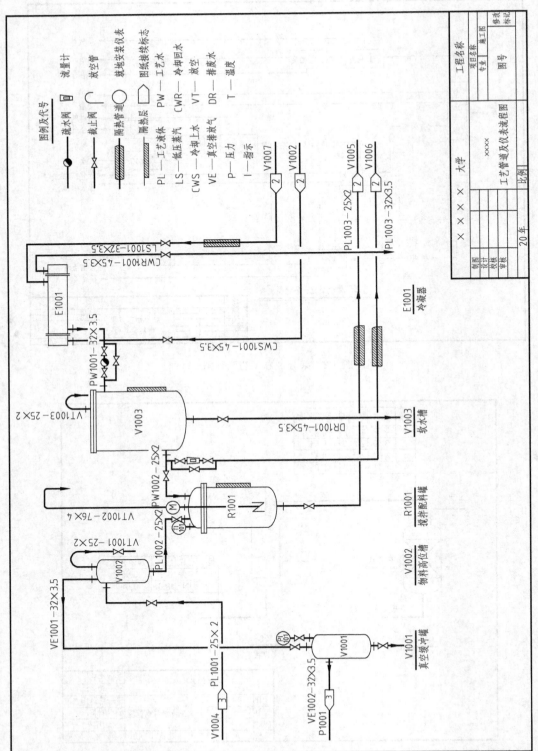

图 5-4 某带控制点工艺流程图

第三节　化工工艺流程图绘制标准

化工工艺流程图是用图示的方法把化工生产的工艺流程和所需的设备、管道、阀门、管件、管道附件及仪表控制点表示出来的一种图样，是设备布置和管道布置设计的依据，也是施工、操作、运行及检修的指南，是化工工艺设计的主要内容。

绘制化工工艺流程图是化工制图的内容之一，因此，国家机械制图系列标准对化工制图的约束，在绘制化工工艺流程图方面同样有效。但由于化工工艺流程图的特殊性，现已形成一套行业标准 HG 20519，对图样幅面、标题栏等作了说明，并规定了设备图形、线型、阀门管件图线、图例等的表达方式，设备、管线、仪表等的标注形式等。

一、图样幅面

在化工工艺流程图的绘制过程中，对图样幅面、字体、比例、标题栏等仍采用国家标准《技术制图图纸幅面和格式》（GB/T 14689—2008），只是对某些特殊的地方进行了一些补充和说明，一般化工工艺流程图采用标准中 A1 规格，横幅绘制。对流程简单者可以采用 A2 规格的幅面；对生产流程过长，在绘制流程图时可以采用标准幅面加长的格式。每次加长为图样宽度的 1/4 倍，也可以采用分段分张的流程图格式。

二、比例

管道及仪表流程图不按比例绘制，但应示意出各设备相对位置的高低。一般设备（机器）图例只取相对比例，实际尺寸过大的设备（机器）比例可适当缩小，实际尺寸过小的设备（机器）比例可适当放大。整个图面要协调、美观。

三、相同系统的绘制方法

当一个流程中包括有两个或两个以上相同的系统（如聚合釜、气流干燥、后处理等）时，需绘出一张总图表示各系统间的关系，再单独绘出一个系统的详细流程图，其余系统以细双点划线的方框表示，框内注明系统名称及其编号。当多个不同系统流程比较复杂时，可以分别绘制各系统单独的流程图。在总流程图中，各系统采用细双点划线方框表示，框内注明系统名称、编号和各系统流程图图号。如图 5-5 所示。

四、复用设计

对于在工艺流程中局部复用定型设计或者采用制造厂提供的成套设备（机组）的管道及仪表流程图时，在图上对复用部分或者成套部分以双点划线框图表示出，框内注明名称、位号或编号，填写有关图号，必要时加文字予以说明。

五、图线、字体和标题栏

图线和字体的具体要求见表 5-2 和表 5-3。化工工艺流程图的标题栏与机械制图中的标题栏有所不同，现行标准对工艺流程图的标题栏规定如图 5-6 所示。

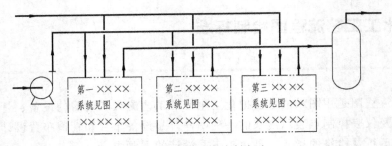

图 5-5　相同系统绘制方法

（单位名称）					（工程名称）			13
职责	签字	日期			设计项目			6
设计					设计阶段			6
绘图				（图名）				18
校核					（图号）			
审核								
年限			比例			第　张	共　张	7

20	25	15	15	45	25	35

180

图 5-6　工艺流程图标题栏格式

六、设备的表示方法和标注

在工艺流程图中一般应绘出全部工艺设备及附件，对于两组或两组以上相同系统或设备，可只绘出一组设备，并用细实线框定，其他几组以细双点划线方框表示，在方框内标注设备位号和名称。

1. 设备的表示方法

化工设备与机器的图形表示方法按表 5-4 和本书附录绘制，线条宽度 0.15mm 或 0.25mm，未规定的设备、机器的图形可以根据其实际外形和内部结构特征绘制，只取相对大小，不按实物比例，见图 5-7。

表 5-4　工艺流程图中常见设备的图例（其他图例见附录）

类别	代号	图例
塔	T	（喷洒塔　　板式塔）

类别	代号	图例
反应器	R	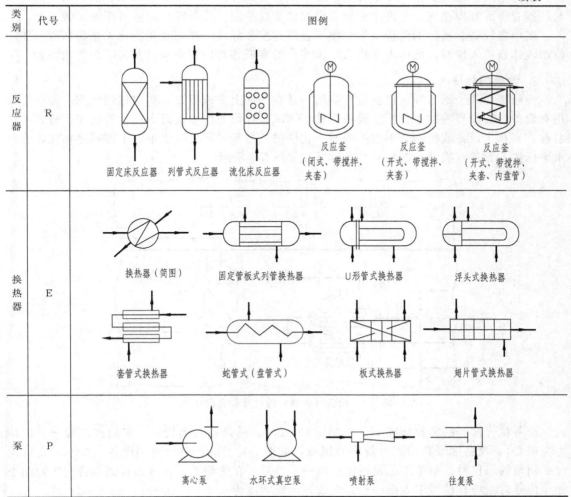
换热器	E	
泵	P	

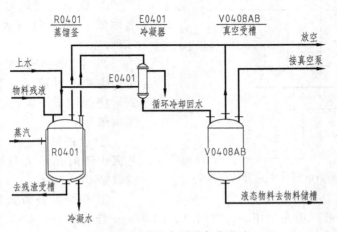

图 5-7　流程图中的设备表示法

　　设备、机器上的所有接口（包括人孔、手孔、卸料口等）宜全部画出，其中与配管有关以及与外界有关的管口（如直连阀门的排液口、排气口、放空口及仪表接口等）则必须画出。用方框内一位英文字母或字母加数字表示管口编号。管口一般用单细实线表示，也可以与所连管道线宽度相同，允许个别管口用双细实线绘制。设备管口法兰可用细实线表示。

图中各设备、机器的位置安排要便于管道连接和标注，其相互间物流关系密切者（如高位槽液体自流入储罐，液体由泵送入塔顶等）的高低相对位置要与设备实际布置相吻合。

2. 设备的标注

一般要在两个地方标注设备位号：第一是在图的上方或下方，要求排列整齐，并尽可能正对设备，在位号线的下方标注设备名称。第二是在设备内或其近旁，此处仅注位号，不注名称。当几个设备或机器为垂直排列时，它们的位号和名称可以由上而下按顺序标注，也可水平标注。设备（机器）的位号和名称标注如图5-8所示。

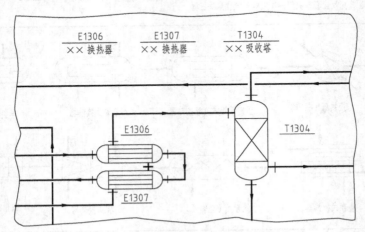

图5-8　设备（机器）的位号和名称标注

设备位号按新的推荐标准 HG 20519.2—2009，由设备分类代号、车间或工段号（也称为主项号）、设备序号和相同设备序号组成，如图5-9所示。对于同一设备，在不同设计阶段必须是同一位号。每个工艺设备均应编一个位号，在流程图、设备布置图和管道布置图上标注位号时，应在位号下方画一条粗实线，图线宽度为0.9～1.2mm。

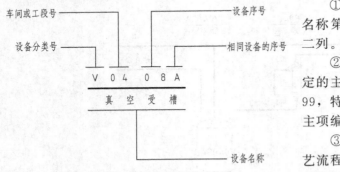

图5-9　设备的标注中位号的格式

① 设备类别代号，一般取设备英文名称第一个字母（大写），见表5-4第二列。

② 主项编号：按照工程项目经理给定的主项编号填写。采用两位数字01～99，特殊情况下，可以用主项代号代替主项编号。

③ 设备顺序号：按照同类设备在工艺流程流向先后进行顺序编号，采用两位数字01～99。

④ 相同设备数量序号：相同2台及以上的设备，位号前三项完全相同，仅用A、B、C……作为每台设备的尾号。

对于需绝热的设备和机器要在其相应部位画出一段绝热层图例，必要时注出其绝热厚度；有伴热者也要在相应部位画出一段伴热管，必要时可注出伴热类型和介质代号，如图5-10所示。

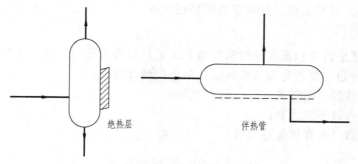

图 5-10　有绝热或伴热的设备和机器表示方法

地下或半地下设备、机器在图上要表示出一段相关的地面。地面以 ////// 表示。

设备、机器的支承和底（裙）座可不表示。复用的原有设备、机器及其包含的管道可用框图注出其范围，并加必要的文字标注和说明。

设备、机器自身的附属部件与工艺流程有关者，例如柱塞泵所带的缓冲罐、安全阀；列管换热器管板上的排气口；设备上的液位计等，它们不一定需要外部接管，但对生产操作和检测都是必需的，有的还要调试，因此图上应予以表示。

七、管道的表示方法和管线标注

1. 管道的表示方法

工艺流程图需要绘出和标注全部工艺管道以及与工艺有关的一段辅助及公用管道，绘出并标注上述管道上的阀门、管件和管道附件（不包括管道之间的连接件，如弯头、三通、法兰等），但为安装和检修等原因所加的法兰、螺纹连接件等仍需绘出和标注。

在化工工艺流程图中是用线段表示管道的，常称为管线。在 HG 20592.28—92 和 HG 20519.32—92 及 2009 标准中对管道的图例、线型作出了具体规定，见表 5-5，线宽的规定见表 5-2。

在每根管线上都要以箭头表示其物料流向。图中管线与其他图纸有关时，一般应将其端点绘制在图的左方或右方，并在左方或者右方的管线上用空心箭头标出物料的流向（入或出），空心箭头内注明其连接图纸的图号或序号，在其附近注明来或去的设备位号或管道号。空心箭头画法如图 5-11（a）所示。在化工工艺流程图中管线的绘制应成正交模式，即管线画成水平或竖直，管线相交和拐弯均画成直角。管线应尽量避免交叉，必须交叉时，应该将一根管线断开（尽量横断竖不断），如图 5-11（b）所示及

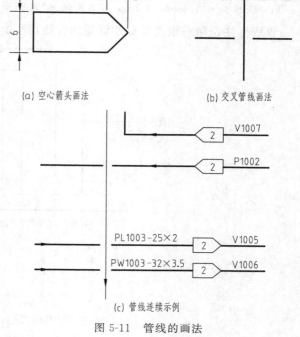

(a) 空心箭头画法　　　(b) 交叉管线画法

(c) 管线连续示例

图 5-11　管线的画法

图 5-11（c）示例。另外应该尽量避免管线穿过设备。

2. 管线标注

工艺管道包括正常操作所用的物料管道；工艺排放系统管道；开、停车和必要的临时管道。对于每一根管道均要进行编号和标注，但下列情况除外：

① 阀门、管件的旁路管道；
② 放空或排入地下的短管；
③ 设备上的阀门和盲板等连接管；
④ 仪表管道；
⑤ 成套设备中的管道和管件。

表 5-5　部分管道、管件、阀门及其他附件图例（其他图例见附录）

名称	图例	名称	图例
主物料管道 （粗实线 0.9～1.2mm）	——————	次要物料管道，辅助物料管道（中粗线 0.5～0.7mm）	——————
引线、设备、管件、阀门、仪表图形符号和仪表管线等（细实线 0.15～0.3mm）	——————	原有管道 （原有设备轮廓线）	— — — —
地下管线 （埋地或地下管沟）	━━ ━━ ━━	蒸汽伴件管道	-------
电伴热管道	—··—··—	夹套管	
闸阀	▷◁	直流截止阀	
截止阀	▷◁	节流阀	▶◀
球阀	▷○◁	旋塞阀	▷●◁

注：阀门尺寸一般长 4mm，宽 2mm，或者长 6mm，宽 3mm。

管线标注是用一组符号标注管道的性能特征。如图 5-12 所示，这组符号包括物料代号、

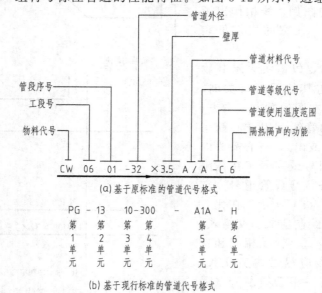

(a) 基于原标准的管道代号格式

PG	- 13	10	-300	-	A1A	- H
第1单元	第2单元	第3单元	第4单元		第5单元	第6单元

(b) 基于现行标准的管道代号格式

图 5-12　管线标注格式

工段号、管段序号和管道尺寸等。其中，物料代号、工段号和管段序号这三个单元称为管道号（或管段号）。

第 1 单元物料代号如表 5-6 所示，应该按 HG 20519.2—2009 标准中的规定选用。第 2 单元为工段号，也是主项编号，采用 01～99 两位数字；第 3 单元管段序号是在主项中同一类别管道以流向顺序的编号，采用 01～99 两位数字；第 4 单元为管道公称直径，也可以按原来的规定，标注管道外径和壁厚构成管道尺寸，管道尺寸以 mm 为单位，只标注数字，不标注单位。在管道尺寸后为第 5 单元，统称为管道等级代号（与原规定不同），如图 5-13 所示

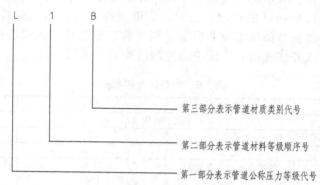

图 5-13　管道标注第 5 单元的组成部分

管道公称压力等级代号用大写英文字母表示，A～G 用于 ASME 标准，H～Z 用于国内标准的顺序号，见表 5-7；管道材料等级顺序号用阿拉伯数字 1～9 表示，管道材质类别代号如表 5-8 所示。第 6 部分为隔热和隔声代号，见表 5-9 所示。比较简单的流程或管道规格较少的可以只标注第 1～4 单元，若第 4 单元标注外径乘以壁厚尺寸，则后面需要加上材质类别代号，如 32×2.5A。

每根管线（即由管道一端管口至另一端管口之间的管道）都应进行标注。对横向管线，一般标注在管线的上方；对竖向的管线一般标注在管道的左侧，密集处可以用指引线引出标注。

管道上的阀门、管道附件的公称通径与所在管道公称通径不同时要注出它们的尺寸，必要时还需要注出它们的型号。它们之中的特殊阀门和管道附件还要进行分类编号，必要时以文字、放大图和数据表加以说明。

同一个管道号只是管径不同时，可以只注管径，如图 5-14 所示。

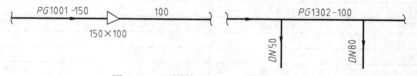

图 5-14　不同管径的同一管道号标注

同一个管道号而管道等级不同时，应表示出等级的分界线，并注出相应的管道等级。如图 5-15 所示。

异径管一律以大端公称直径乘以小端公称直径表示，如图 5-16 所示。

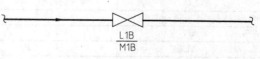

图 5-15　仅标注管道等级的管道

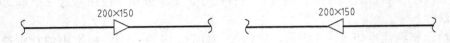

图 5-16　异径管标注法

　　管线的伴热管要全部绘出，夹套管可在两端只画出一小段，其他绝热管道要在适当部位绘出绝热图例。有分支管道时，图上总管及分支管位置要准确，而且要与管道布置图相一致。管线、阀门、管件和管道附件要按表 5-5 的规定进行绘制，调节阀系统按其具体组成形式（单阀、四阀等）将所包括的管道、阀门、管道附件一一画出，对其调节控制项目、功能、位置分别注出，其编号由仪表专业确定。调节阀自身的特征也要注明，例如传动形式：气动、电动或液动；气开或气闭；有无手动控制机构等，见图 5-17。

表 5-6　物料代号和名称

代号	名称	代号	名称
工艺物料代号			
PA	工艺空气	PL	工艺液体
PG	工艺气体	PLS	液固两相流工艺物料
PGS	气固两相流工艺物料	PGL	气液两相流工艺物料
PS	工艺固体	PW	工艺水
辅助、公用工程物料代号			
1　空气			
AR	空气	IA	仪表空气
CA	压缩空气		
2　蒸汽、冷凝水			
HS	高压蒸汽	MS	中压蒸汽
LS	低压蒸汽	SC	蒸汽冷凝水
TS	伴热蒸汽		
3　水			
BW	锅炉给水	FW	消防水
CSW	化学污水	HWR	热水回水
CWR	循环冷却水回水	HWS	热水上水
CWS	循环冷却水上水	RW	原水、新鲜水
DNW	脱盐水	SW	软水
DW	自来水、生活用水	WW	生产废水
4　燃料			
FG	燃料气	FS	固体燃料
FL	液体燃料	NG	天然气
LPG	液化石油气	LNG	液化天然气
5　油			
DO	污油	RO	原油
FO	燃料油	SO	密封油
GO	填料油	HO	导热油
LO	润滑油		
6　制冷剂			
AG	气氨	PRG	气体丙烯或丙烷
AL	液氨	PRL	液体丙烯或丙烷
ERG	气体乙烯或乙烷	RWR	冷却盐水回水
ERL	液体乙烯或乙烷	RWS	冷冻盐水上水
PRG	氟利昂气体		

代号	名称	代号	名称
7 其他			
H	氢	VE	真空排放气
N	氮	VT	放空
O	氧	WG	废气
DR	排液、导淋	WS	废渣
FSL	熔盐	WO	废油
FV	火炬排放气	FLG	烟道气
IG	惰性气	CAT	催化剂
SL	泥浆	AD	添加剂

表 5-7　管道公称压力等级代号

ACME 标准	中国标准	
A—150LB(2MPa) B—300LB(5MPa) C—400LB D—600LB(11MPa) E—900LB(15MPa) F—1500LB(26MPa) G—2500LB(42MPa)	H—0.25MPa K—0.6MPa L—1.0MPa M—1.6MPa N—2.5MPa P—4.0MPa Q—6.4MPa	R—10.0MPa S—16.0MPa T—20.0MPa U—22.0MPa V—25.0MPa W—32.0MPa

表 5-8　管道材料代号

材料类型	铸铁	碳钢	普通低合金钢	合金钢	不锈钢	有色金属	非金属	衬里及内防腐
代号	A	B	C	D	E	F	G	H

表 5-9　隔热和隔声代号

代号	功能类型	备注
H	保湿	采用保湿材料
C	保冷	采用保冷材料
P	人身防护	采用保温材料
D	防结露	采用保冷材料
E	电伴热	采用电热带和保温材料
S	蒸汽伴热	采用蒸汽伴管和保温材料
W	热水伴热	采用热水伴管和保温材料
O	热油伴热	采用热油伴管和保温材料
J	夹套伴热	采用夹套伴管和保温材料
N	隔声	采用隔声材料

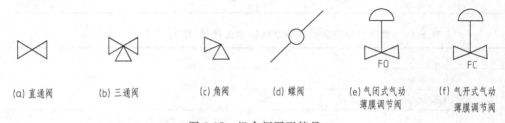

图 5-17　组合阀图形符号

八、仪表、控制点的表示方法

在化工工艺流程图上要绘出和标注全部与工艺相关的检测仪表、调节控制系统、分析取样点和取样阀等。这些仪表控制点用细实线在相应管线上的大致安装位置用规定的符号画出。该符号包括仪表图形符号和字母代号，它们组合起来表示工业仪表所处理的被测变量和功能。仪表的图形符号为一直径 10mm 的细实线圆圈，圆圈中标注仪表位号，见图 5-18。

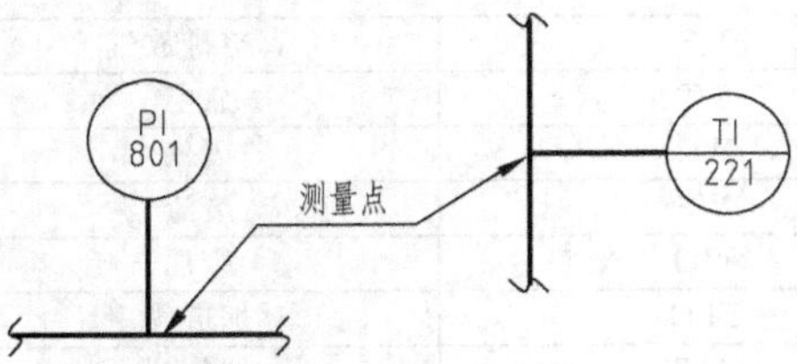

仪表位号由两部分组成：一部分为字母组合代号。字母组合代号的第一个字母表示被测变量，后继字母表示仪表的功能；另一部分为工段序号。工段序号由工段代号和顺序号组成，一般用 3～5 位阿拉伯数字表示，见图 5-19。

图 5-18　仪表表达符号

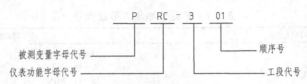

图 5-19　仪表位号的组成

字母组合代号填写在仪表圆圈的上半圆中，工段序号填写在下半圆中。表示仪表安装位置的图形符号见表 5-10。HG/T 20519.2—2009 标准给出了被测变量及仪表功能代号，表 5-11 列出常用被测变量以及仪表功能的字母代号。

检测仪表按其检测项目、功能、位置（就地和控制室）进行绘制和标注，对其所需绘出的管道、阀门、管件等由专业人员完成。控制点（测量点）是仪表圆圈的连接引线与过程设备或管道符号的连接点。仪表通过连接点和引线获得设备或管道内的物流参数。

表 5-10　仪表安装位置的图形符号

安装位置	图形符号	安装位置	图形符号
就地安装仪表	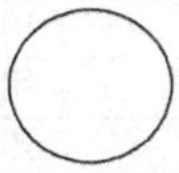 ○	就地安装仪表（放在管道中）	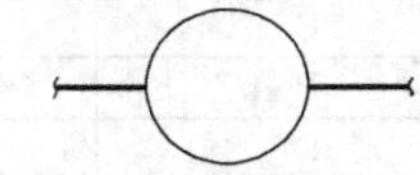 —⊖—
集中仪表盘面安装仪表	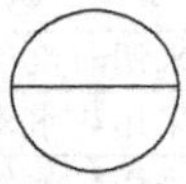 ⊖	集中仪表盘后面安装仪表	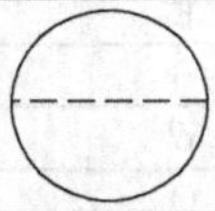 ⊖(虚线)
就地仪表盘面安装仪表	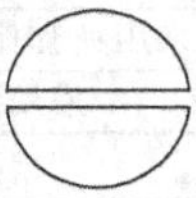 ⊖	就地仪表盘后面安装仪表	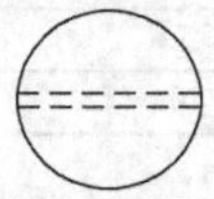 —⊖—(虚线)

表 5-11　常用被测变量和仪表功能的字母代号 （HG/T 20519.2—2009）

符号	含　义			举例
字母	首位字母	后继字母		
	被测变量	修饰词	功能	
A	分析		报警	AI(有指示功能的分析仪表) FIA(有指示、报警功能的流量计)
C	电导率		控制	AIC(有指示和控制功能的分析仪表)
D	密度	差		DI(有指针功能的密度计) TDI(有指示功能的温差计)

符号	含 义			举例
字母	首位字母	后继字母		
	被测变量	修饰词	功能	
F	流量	比（分数）		FRC（有记录和控制功能的流量计）
G	长度		就地观察、玻璃	
H	手动（人工触发）			HR（手动记录仪表）
I	电流		指示	IA（有报警功能的电流表）
L	物位		信号	AL（信号分析仪表）
M	水分或湿度			MIA（有指示和报警功能的湿度监测仪表）
P	压力或真空		试验点（接头）	PCT（压力控制变送仪表）
Q	数量或件数	积分、积算	积分、积算	AQ（积分分析仪）
R	放射线		记录或打印	SR（速度记录仪）
S	速度或频率	安全	联锁	AIS（分析仪表，带有开关和指示功能）
T	温度		传递	TRC（温度记录控制仪）
W	称重			

分析取样点在选定位置（设备管口或管道）处标注和编号，其取样阀组、取样冷却器也要绘制和标注或加文字注明。如图 5-20 所示。

九、其他表达

1. 成套设备（机组）供货范围

由制造厂提供的成套设备（机组）在管道仪表流程图上以双点划线框图表示出制造厂的供货范围。框图内注明设备位号，绘出与外界连接的管道和仪表线，如果采用制造厂提供的管道及仪表流程图则要注明厂方的图号。也可以参照设备、机器图例规定画出其简单外形及其与外部相连的管路，并注明位号、设备或机组自身的管道及仪表流程图（此流程图另行绘制）图号。

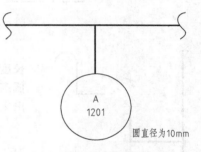

图 5-20　分析取样点
A—人工取样点；1201—取样点编号；
12—主项编号；01—取样点序号

若成套设备（机组）的工艺流程简单，可按一般设备（机器）对待，但仍需注出制造厂供货范围。对成套设备（机组）以外的，但由制造厂一起供货的管道、阀门、管件和管道附件加文字标注——卖方，也可加注英文字母 B.S 表示，还可在流程附注中加以说明。

2. 特殊设计要求

对一些特殊设计要求可以在管道及仪表流程图上加附注说明或者加简图说明。

设计中设备（机器）、管道、阀门、管件和管道附件相互之间或其本身可能有一定特殊要求，这些要求均要在图中相应部位予以表示出来。这些特殊要求一般包括：

① 特殊定位尺寸。设备间相对高差有要求的，需注出其最小限定尺寸；液封管应注出其最小高度，其位置与设备（或管道）有关系时，应注出所要求的最小距离，如图 5-21 所示。

异径管位置有要求时，应标注其定位尺寸；管段的长度必须限制时，也需注出其长度尺

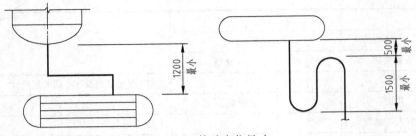

图 5-21　特殊定位尺寸

寸限度；支管与总管连接，对支管上的阀门位置有特殊要求时，应标注尺寸；支管与总管连接，对支管上的管道等级分界位置有要求时，应标注尺寸和管道等级，如图 5-22 所示。

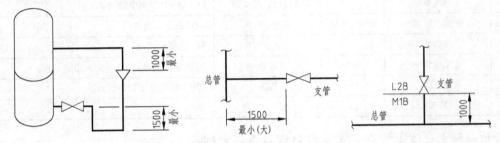

图 5-22　异径管、总管和支管特殊要求

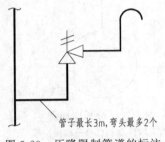

图 5-23　压降限制管道的标注

对安全阀入口管道压降有限制时，要在管道近旁注明管段长度及弯头数量，如图 5-23 所示。另外，对于火炬、放空管最低高度有要求时，对排放点的低点高度有要求时，均应标注出来。

② 流量孔板前后直管段长度要求。

③ 管线的坡向和坡度要求。

④ 一些阀门、管件或支管安装位置的特殊要求（正常操作状态下阀门是锁开还是锁关；是否是临时使用的阀门、管件等）。

⑤ 其他一些特殊设计要求。

对于上述这些特殊要求应加文字、数字注明，必要时还要有详图表示。

十、辅助及公用系统管道及仪表流程图

辅助及公用系统管道及仪表流程图一般按装置（或主项）为单元，按介质类型不同进行编制。流程简单时各类介质的管道仪表流程图可以绘制在一张图上，如果流程复杂、介质种类多，则应分开绘制。各种介质的管道仪表流程图无论是单张或多张绘制，一定要便于识别和区分。图上的主管分配、支管连接要与工艺管道仪表流程图及工艺管道布置图（配管图）符合。

辅助及公用系统管道及仪表流程图上各辅助及公用物料的用户（设备或主项或装置）以方框图表示，框内注明该用户名称、编号（或位号）、所在图号。在框图内外分别表示该介质管道在工艺管道及仪表流程图中的管道编号和在本图的管道编号，此项内容也可引出单列表格加以说明。

辅助及公用系统的设备（机器）、管道、管件、阀门、管道附件等的绘制内容和深度按前面规定。在工艺管道及仪表流程图中已表示清楚的内容可不再重复。

流程简单、设备不多的项目，辅助及公用管道仪表并入到工艺管道及仪表流程图中，不再另出图纸。

第四节　工艺流程图的绘制与阅读

一般分三个阶段进行工艺流程图绘制，即：生产工艺流程草图的绘制、物料流程图的绘制、带控制点的工艺流程图的绘制。

一、生产工艺流程草图

生产方法确定后，可进行生产工艺流程草图的绘制，绘制依据是可行性研究报告中提出的工艺路线，绘制不需在绘图技术上花费时间，而把主要精力用在工艺技术问题上，它只是定性地标出由原料转变为产品的变化、流向顺序以及采用的各种化工过程及设备，生产工艺流程草图一般由物料流程、图例、标题栏三部分组成，其中物料流程包括如下。

（1）设备示意图　可按设备大致几何形状画出（或用方块图表示），设备位置的相对高低不要求准确，但要标出设备名称及位号。

（2）物流管线及流向箭头　包括全部物料管线和部分辅助管线，如：水、气、压缩空气冷冻盐水，真空等。

（3）必要的文字注释　包括设备名称、物料名称、物料流向等。

图例只要标出管线图例，阀门、仪表等不必标出，标题栏包括图名、图号、设计阶段等内容。全图采用由左至右展开式绘制，先物料流程，再图例，最后设备一览表。设备一览表一般在图例下面，所用线条遵循设备轮廓线用细实线、物料管线用粗实线、辅助管线用中粗实线的基本原则，绘制技术不要求十分精确。

二、物料流程图

物料流程图是在生产工艺流程草图的基础上，完成物料衡算和热量衡算后绘制的流程图。它是一种以图形与表格相结合的形式反映设计计算某些结果图样；它既可用作提供审查的资料，又可作为进一步设计的依据。物料流程图一般包括下列内容：物料流程图例图及物料列表说明示意图，见图 5-24。

（1）图形　包括设备示意图形、各种仪表示意图形及各种管线示意图形。

（2）标注内容　主要标注设备的位号、名称及特性数据，如流程中物料的组分、流量等。

（3）标题栏　包括图名、图号、设计阶段等。

图样采用展开式，按工艺流程的次序从左至右绘出一系列图形，并配以物料流程线和必要的标注，物料流程图一般以车间为单位进行绘制。通常用加长 A2 或 A3 幅面的长边而得，图面过长也可分张绘制。图中一般只画出工艺物料的流程，物料线用粗实线，流动方向在流程线上以箭头表示。

三、带控制点的工艺流程图

带控制点的工艺流程图一般分为初步设计阶段的带控制点工艺流程图和施工设计阶段带控制点的工艺流程图，而施工设计阶段带控制点的工艺流程图也称管道及仪表流程图（PID

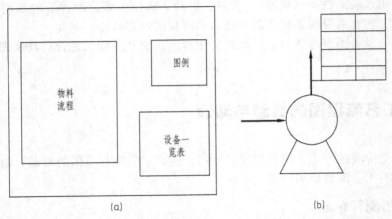

图 5-24 生产工艺流程草图物料流程图例图（a）及物料列表说明示意图（b）

图）。在不同的设计阶段，图样所表达的深度有所不同。初步设计阶段带控制点的工艺流程图是在物料流程图、设备设计计算及控制方案确定完成之后进行的，所绘制的图样往往只对过程中的主要和关键设备进行稍为详细的设计，次要设备及仪表控制点等考虑得比较粗略。

管道及仪表流程图是设备布置设计和管道布置设计的基本资料，也是仪表测量点和控制调节器安装的指导性文件。这里以其为例说明流程图的设计内容及绘制方法。该流程图包括图形、标注、图例、标题栏等四部分，具体内容分别如下：

（1）图形　将全部工艺设备按简单形式展开在同一平面上，再配以连接的主、辅管线及管件，阀门、仪表控制点等符号。

（2）标注　主要注写设备位号及名称、管段编号、控制点代号、必要的尺寸数据等。

（3）图例　为代号、符号及其他标注说明。

（4）标题栏　注写图名、图号、设计阶段等。

管道及仪表流程图是以车间（装置）或工段为主项进行绘制，原则上一个车间或工段绘一张图，如流程复杂可分成数张，但仍算一张图，使用同一图号。

所有工艺流程图不按精确比例绘制，一般设备（机器）图例只取相对比例。允许实际尺寸过大的设备（机器）按比例适当缩小，实际尺寸过小的设备（机器）按比例可适当放大，可以相对示意出各设备位置高低，整个图面要协调、美观。

【AutoCAD 绘制工艺流程图过程】

1. 准备工作

绘制前，首先要确定工艺流程图中的各种设备、管道、仪表及相关数据，将分布及排列方式用草图绘制在纸上，然后启动 AutoCAD，开始绘图。

2. 设置绘图格式，包括图层、范围及图框

设置方法如前所述。注意：①除了 0 图层之外，尽量用直观的名称重命名图层，以备更好地调用；②线宽的设置必须体现出主物料管道和辅助物料管道的区别，要分别放在两个图层内。

3. 绘制中心线

将中心线图层置为当前，将流程图中的主要设备如反应釜、泵、冷凝器等的中心线或中心位置确定下来。用中心线定位可以很好地排布设备间隔，以整齐、清晰、美观为主。

4. 按照图例给定的样式绘制各个设备

将细实线图层置为当前，按图例要求绘制不同的设备（不按比例，但应保持相对大小）。注意：①必须用细实线绘制流程图上的设备；②设备的位号和名称应该与其他所有涉及到该设备的图纸和表格保持一致；③设备位号一般标注在两个地方，a. 图的上方或下方，要求排列整齐，并尽可能正对设备，在位号线的下方标注设备名称；b. 在设备内或其近旁，此处仅注位号，不写名称；④当几个设备或机器为垂直排列时，它们的位号和名称可以由上而下按顺序标注，也可以水平标注。

当流程图中出现多个设备成阵列排列且形状相同时，可以仅先画一个，然后利用以下工具产生相同设备：

① 复制命令。该命令只需先选中要复制的设备，点复制工具，选择基点，即可任意安放复制的另一个设备。该命令在退出前（Esc），可以重复无限次复制。也可以使用带基点复制命令：copybase，快捷键 Ctrl＋Shift＋C，或菜单栏"编辑"—"带基点复制"，选择基点，开启状态栏的捕捉按钮，然后选择要复制的图元、对象。点"Ctrl＋V"或粘贴，完成复制。

② 阵列命令。该命令一次性产生多个相同设备而且能够均匀等距分布。绘制步骤如下：点击选择需要阵列的图形对象，在命令行输入"array"或点击工具面板的品，弹出"阵列"对话框，设置参数，如 1 行 3 列以及偏移的距离，点击确定，即可完成等距分布的三个设备绘制。

5. 绘制管道

所有的物料管道都可以通过"line"命令来进行绘制，上面的箭头用"pline"命令绘制水平的和垂直的各一个，其他管道的箭头用复制方法生成。当有多余线段时，用"trim"命令进行裁剪。注：其中相同尺寸的直线或图形，也可以用偏移命令进行绘制。

6. 图形位置修改

设备或多线管道位置不当时，可以用"move"命令进行移动，要断开的部分可以用"break"命令进行打断。

7. 文字标注

从下拉菜单中选取"绘图→文字→单行或多行文字"，或点击工具面板的文字输入，在图纸中注写设备位号和名称、管道代号、图例、标题栏。最后输出图纸时可以冻结"中心线"图层输出。

四、工艺流程图的阅读

工艺流程图是设计、优化、建设、维护整个生产线的基础，是掌握整个生产过程的直接材料，做好工艺流程图的阅读，能够提高生产操作技术水平，提高预防事故的发生和处理生产事故的能力。

工艺流程图阅读的主要内容包括：

① 看标题栏和图例中的说明，掌握整个工艺的范围和涉及的工艺过程。

② 掌握系统中设备的数量、名称及位号。设备是生产中的关键要素，流程图中对第一类设备均进行了外形、类型的描述，这些描述最直接的表达方式是设备名称和位号，一般在流程图的上方或下方空间线性排列，非常直观。设备位号最后若有大写字母标注，则表明了同种设备的数量，如图 5-25 中的位号 V70201A、V70201B、V70201C，表明这三个设备是同类型、同尺寸的设备。

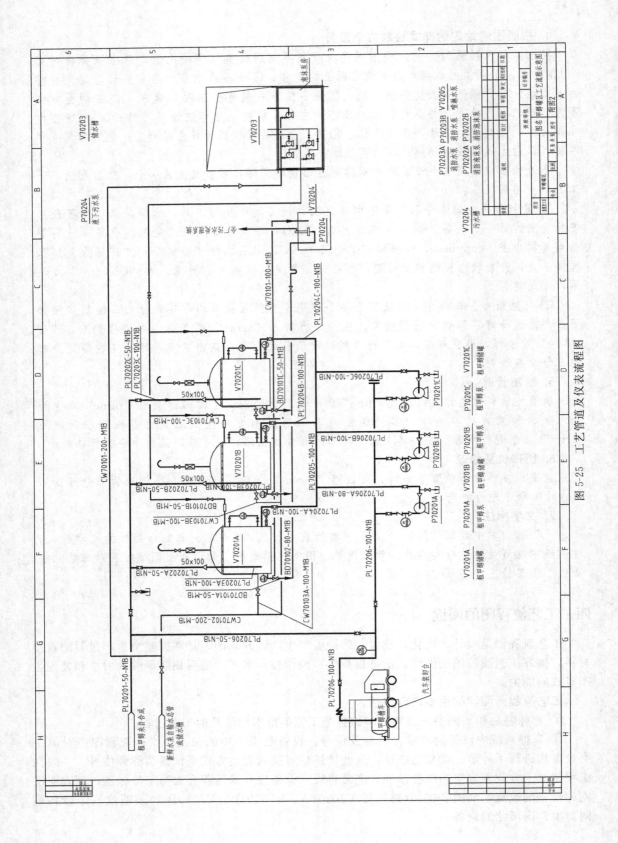

图 5-25 工艺管道及仪表流程图

③ 了解主要物料的工艺施工流程线。

④ 了解其他物料的工艺施工流程线，对管线的走向、规格和连接的设备进行分析。

习 题 五

1. 简述物料流程图与 PID 图的区别和联系，在 A4 幅面绘制图 5-26 所示的部分物料流程图，要求填写标题栏。

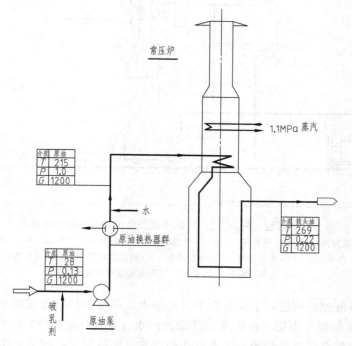

图 5-26　习题 1 附图

2. 已知简图如图 5-27、图 5-28 所示，绘制酚醛树脂两种生产工艺流程图（要求自编管道代号和设备位号）。

（1）**热塑性间歇法**　通用酚醛树脂可满足性能指标要求不特别高的一些应用领域，也是酚醛树脂最传统的一些领域，诸如制造普通电工制品的电木粉、绝缘板；一般使用性能的黏结剂（用于生产通用摩擦材料、造型材料、建筑材料……）等。

间歇法生产中，苯酚和甲醛从高位槽 1、2 分别进入计量罐 3，经过计量后加入反应釜5，配合冷凝器 4 回流反应一定时间后，减压蒸出未反应的原料和水分到接收罐，回收苯酚后进行废水处理、排放；从反应釜 5 排出产物酚醛树脂，依据不同需求制备出液体产品或造粒。

（2）**塔式连续法**　连续生产过程如图 5-28 所示，甲醛、苯酚和催化剂（如草酸）从储槽中输送到一级反应器 1，其加入量可自动计量和控制，反应器外部有加热夹套，酚、醛在搅拌下发生反应。在二级反应器 2 中继续反应，反应常在 700kPa 压力 120～180℃下进行，由于温度高而提高了反应速率。反应在二级反应器中完成。反应混合物离开二级反应器后就进入闪蒸釜 3（Flash Drum）（也用作蒸汽和液体分离器）。闪蒸的蒸汽经冷却器 5 在收集器

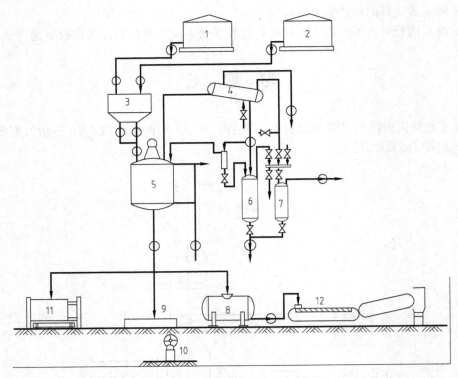

图 5-27　习题 2 附图 (1) 间歇单釜法生产酚醛树脂典型流程

1—苯酚高位槽；2—甲醛高位槽；3—计量罐；4—冷凝器；5—反应釜；6—冷凝水

接收罐；7—真空缓冲罐；8—树脂储槽；9—树脂接收装置；10—粉碎机；

11—冷却运输车（架）；12—冷却运输或冷却运输造粒

7 中收集，闪蒸器液相分两层，上层为含少量酚的水，可吸送到收集设备单元，而底层即树脂被泵送到真空蒸发器 4 中进一步除水，蒸馏出的水（常含其他组分）经冷凝后也进入收集器 7。而脱水树脂被放到水冷却输送带上冷却并成片，即得到片状酚醛树脂。

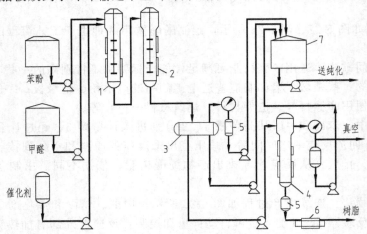

图 5-28　习题 2 附图 (2) 酚醛树脂连续生产工艺过程

1——级反应器；2—二级反应器；3—闪蒸釜；4—真空蒸发器；

5—冷却器；6—冷却运输成片机；7—含酚水收集器

第六章

设备布置图

工厂生产需要在车间内进行，因此一条生产线的建设，往往要依托一定面积的建筑物，在建筑物内实现设备布置及管道的安装，因此在学习车间设备布置图和管道布置图之前，要具备相关的建筑制图知识。

第一节　建筑制图简介

建筑制图应该依据的标准包括：《房屋建筑 CAD 制图统一规则》GB/T 18112—2000、《房屋建筑制图统一标准》GB/T 50001—2010、《建筑制图标准》GB/T 50104—2010，技术人员进行设计和制图时应该遵守其中的各项规定。

一套完整的房屋建筑施工图按其专业内容或作用的不同一般分为：建筑施工图（简称建施，包括总平面图、平面图、立面图、剖面图、详图等）、结构施工图（简称结施）、设备施工图（简称设施）等，本节主要介绍建筑施工图。

一、建筑制图国家标准

1. 图线及用途

在建筑制图中，为了区分建筑物体各个部分的主次关系，使工程图样清晰美观，绘图时需要使用不同粗细的各种线型，如实线、虚线等，并规定有不同线宽。图线的宽度 b 宜从 1.4mm、1.0mm、0.7mm、0.5mm、0.35mm、0.25mm、0.18mm、0.13mm 线宽系列中选取。图线宽度不应小于 0.1mm。每个图样，应根据复杂程度与比例大小，先选定基本线宽 b，再依据 b 的大小确定其他线宽。各种线型和线宽的规定与用途见表 6-1 和图 6-1。

表 6-1　建筑制图的线型及用途

名称		线　型	线宽	用　　途
实线	粗	——————————	b	主要可见轮廓线
	中粗	——————————	$0.7b$	可见轮廓线
	中	——————————	$0.5b$	可见轮廓线、尺寸线、变更云线
	细	——————————	$0.25b$	图例填充线、家具线
虚线	粗	- - - - - - - - -	b	特殊不可见轮廓线
	中粗	- - - - - - - - -	$0.7b$	主要不可见轮廓线
	中	- - - - - - - - -	$0.5b$	不可见轮廓线
	细	- - - - - - - - -	$0.25b$	不可见图例填充线、家具线

名称		线型	线宽	用途
单点长画线	粗		b	见各有关专业制图标准
	中		$0.5b$	见各有关专业制图标准
	细		$0.25b$	中心线、对称线、轴线等
双点长画线	粗		b	见各有关专业制图标准
	中		$0.5b$	见各有关专业制图标准
	细		$0.25b$	假想轮廓线、成型前原始轮廓线
折断线	细		$0.25b$	断开界线
波浪线	细		$0.25b$	断开界线

注：1. 折断线为"Z"形，每条倾斜线与铅垂线的夹角为15°。
2. 各图线更详细的用途参见《建筑制图标准》GB/T 50104—2010。

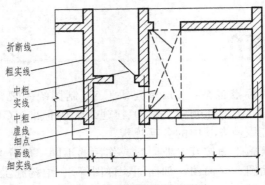

图 6-1　建筑制图的线型用法

2. 比例

建筑制图的比例按表 6-2 进行选用，使用者应优先选用常用比例。

表 6-2　建筑制图的比例

类　型	比　例
建筑或构筑物的平、立、剖面图（常用）	1∶50,1∶100,1∶150,1∶200,1∶300
建筑或构筑物的平、立、剖面图	1∶10,1∶20,1∶25,1∶30,1∶50
配件及构造详图	1∶1,1∶2,1∶5,1∶10,1∶15,1∶20,1∶25,1∶30,1∶50

3. 尺寸标注

如图 6-2 所示，尺寸界线用细实线表示，首离 2～3mm，尾出 2～3mm；尺寸线用细实线，首尾与尺寸界线相接；尺寸起止符号用中粗短斜线段，长 2～3mm；尺寸数字同前面的规定。

4. 定位轴线及编号

在施工图中通常将房屋的基础、墙、柱等承重结构的轴线画出，并进行编号，以便施工时定位放线和查阅图纸。这些轴线称为定位轴线，见图 6-3。定位轴线是施工图中定位、放线的重要依据。凡是承重墙、柱子、梁或屋架等主要承重构件均应画上轴线以确定其位置。

非承重的分隔墙、次要的承重结构，一般不画轴线，而是注明它们与附近的轴线的相关尺寸来确定其位置，但有时也可用分轴线来确定其位置。

定位轴线用细单点长划线画出，轴线编号用圆圈及编号表示。圆圈用细实线直径大小为8mm；编号水平方向用阿拉伯数字从左向右依次编写；垂直方向用大写拉丁字母由下而上依次编写（I、O、Z除外，字母不够用时，可以使用双字母或字母加数字下标表示）。两根轴线间的附加轴线，应用分母表示前一轴线的编号，分子表示附加轴线的编号，编号宜用阿拉伯数字顺序编号。

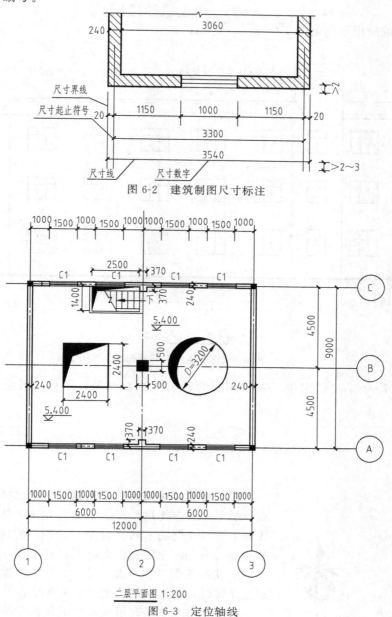

图 6-2　建筑制图尺寸标注

二层平面图 1:200

图 6-3　定位轴线

5. 符号

（1）详图索引符号　在图样中的某一局部或构件，如需另见详图时，常常用索引符号注明详图的位置、编号以及详图所在的图纸编号。

用一引出线指出要画详图的地方，在线的另一端画一细实线的圆，直径 10mm，内部细实线分割的半圆上方填写详图序号，下方半圆内填写详图所在的图纸编号，格式如下：

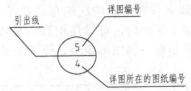

索引符号的应用示例见图 6-4。

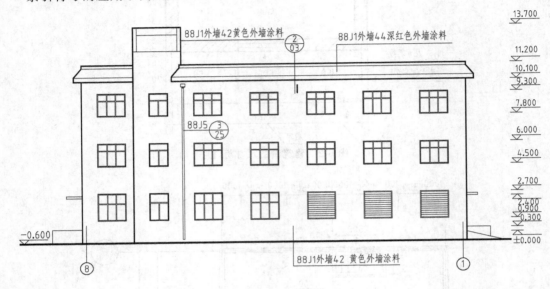

8~1立面图1:100

图 6-4 详图索引符号示例

（2）详图符号 在详图中，表示详图的索引图纸和编号。用粗实线绘制直径 14mm 的圆。

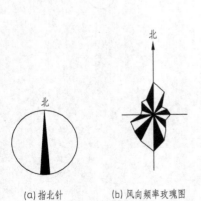

(a) 指北针 (b) 风向频率玫瑰图

图 6-5 指北针及风向频率玫瑰图

（3）指北针及风向频率玫瑰图 指北针（在总平面图或首层平面图中使用）指示了平面方向，是平面制图的组成要素。指北针的形状符合图 6-5 (a) 的规定，其圆的直径宜为 24mm，用细实线绘制；指针尾部的宽度宜为 3mm，指针头部应注"北"或"N"字。需用较大直径绘制指北针时，指针尾部的宽度宜为直径的 1/8。

风向频率玫瑰图表示一年中的风向频率，一般在总平面图中使用，见图 6-5 (b)。

（4）标高符号 在总平面图、平面图、立面图和剖面图上，经常用标高符号表示某一部位的高度。标高符号为细实线等腰直角三角形，高度为 3mm 左右，在平行引出线上标注高度尺寸，数值单位为米，在总平面图中小数点后留两位数；平面图、立面图、剖面图中小数点后留三位数 [图 6-6（a）]。符号的尖端对齐标注部位，尖端可向上也可向下，在上方或下方标注相应尺寸，见图 6-6（b）。右端空间不足时可采用图 6-6（c）格式，总平面图室外标高符号内部涂黑如图 6-6（d）所示。

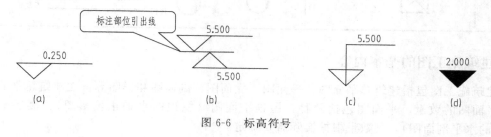

图 6-6　标高符号

6. 图例

由于房屋建筑的材料和构造、配件种类较多，为作图简便，国家标准规定了一系列的图形符号来代表建筑物的材料和构造及配件等，见表 6-3 和表 6-4。

表 6-3　常用建筑材料图例（摘选于 GB/T 50104—2010）

名称	图例	名称	图例	名称	图例
自然土壤		普通砖		毛石	
夯实土壤		混凝土		钢筋混凝土	

表 6-4　常用建筑构配件图例（GB/T 50104—2010）

名称	图　　例	画法说明或补充图例
墙体		可以表示外墙或内墙，表示外墙时，外面可加细实线表示保温层或幕墙，墙体内应该文字说明或填充图案表示不同材料，各层平面中的防火墙要着重特殊填充
窗		窗的名称代号为 C，分为固定窗、悬窗、转窗、推拉窗、百叶窗、高窗等，在剖视图中的画法多用中间双细实线表示。在立面图中应表示窗的开启方向
门		门的符号为 M，分单扇、双扇、折叠、推拉等各种类型。在立面图画法中，用两条相交线表示开启方向，实线向车间外打开，虚线则向内打开。剖面图中的开启线角度可画为 90°、60°、45°，开启弧线宜绘出
楼梯	顶层　　　　中间层　　　　底层	

名称	图　例	画法说明或补充图例
其他	可见与不可见检查孔 	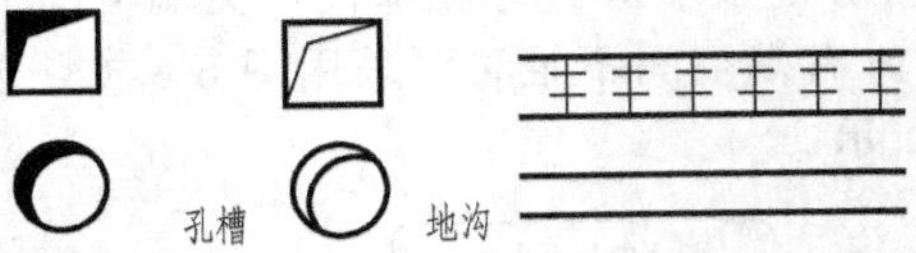 孔洞　孔槽　地沟　　有盖板　　　无盖板

二、建筑施工图的基本内容

建筑施工图包括建筑总平面图、平面图、立面图、剖面图和详图等，在建筑总平面图中表达平面图的数量，平面图包括两种：屋顶平面图（屋顶的水平正投影图）、楼层平面图（楼层的水平剖面图），其数量根据实际需要确定。

1. 平面图基本内容

① 承重墙、柱及其定位轴线和轴线编号，内外门窗位置、编号及定位尺寸，门的开启方向，注明房间名称或编号，库房（储藏）注明储存物品的火灾危险性类别；

② 轴线总尺寸（或外包总尺寸）、轴线间尺寸（柱距、跨度）、门窗洞口尺寸、分段尺寸；

③ 墙身厚度（包括承重墙和非承重墙）、柱与壁柱截面尺寸（必要时）及其与轴线关系尺寸；当围护结构为幕墙时，标明幕墙与主体结构的定位关系；玻璃幕墙部分标注立面分格间距的中心尺寸；

④ 变形缝位置、尺寸及做法索引；

⑤ 主要建筑设备和固定家具的位置及相关做法索引，如卫生器具、雨水管、水池、台、橱、柜、隔断等；

⑥ 电梯、自动扶梯及步道（注明规格）、楼梯（爬梯）位置和楼梯上下方向示意和编号索引；

⑦ 主要结构和建筑构造部件的位置、尺寸和做法索引，如中庭、天窗、地沟、地坑、重要设备或设备机座的位置尺寸、各种平台、夹层、人孔、阳台、雨篷、台阶、坡道、散水、明沟等；

⑧ 楼地面预留孔洞和通气管道、管线竖井、烟囱、垃圾道等位置、尺寸和做法索引，以及墙体（主要为填充墙、承重砌体墙）预留洞的位置、尺寸与标高或高度等；

⑨ 车库的停车位（无障碍车位）和通行路线；

⑩ 特殊工艺要求的土建配合尺寸及工业建筑中的地面荷载、起重设备的起重量、行车轨距和轨顶标高等；

⑪ 室外地面标高、底层地面标高、各楼层标高、地下室各层标高；

⑫ 底层平面标注剖切线位置、编号及指北针；

⑬ 有关平面节点详图或详图索引号；

⑭ 每层建筑平面中防火分区面积和防火分区分隔位置及安全出口位置示意（宜单独成图，如为一个防火分区，可不注防火分区面积），或以示意图（简图）形式在各层平面中表示；

⑮ 住宅平面图中标注各房间使用面积、阳台面积；

⑯ 屋面平面应有女儿墙、檐口、天沟、坡度、坡向、雨水口、屋脊（分水线）、变形缝、楼梯间、水箱间、电梯机房、天窗及挡风板、屋面上人孔、检修梯、室外消防楼梯及其

他构筑物，必要的详图索引号、标高等；表述内容单一的屋面可缩小比例绘制；

⑰ 根据工程性质及复杂程度，必要时可选择绘制局部放大平面图；

⑱ 建筑平面较长较大时，可分区绘制，但须在各分区平面图适当位置上绘出分区组合示意图，并明显表示本分区部位编号；

⑲ 图纸名称、比例；

⑳ 图纸的省略，如系对称平面，对称部分的内部尺寸可省略，对称轴部位用对称符号表示，但轴线号不得省略；楼层平面除轴线间等主要尺寸及轴线编号外，与底层相同的尺寸可省略；楼层标准层可共用同一平面，但需注明层次范围及各层的标高。

2. 立面图基本内容

① 两端轴线编号，立面转折较复杂时可用展开立面表示，但应准确注明转角处的轴线编号；

② 立面外轮廓及主要结构和建筑构造部件的位置，如女儿墙顶、檐口、柱、变形缝、室外楼梯和垂直爬梯、室外空调机搁板、外遮阳构件、阳台、栏杆、台阶、坡道、花台、雨篷、烟囱、勒脚、门窗、幕墙、洞口、门头、雨水管，以及其他装饰构件、线脚和粉刷分格线等；

③ 建筑的总高度、楼层位置辅助线、楼层数和标高以及关键控制标高的标注，如女儿墙或檐口标高等；外墙的留洞应标注尺寸与标高或高度尺寸（宽×高×深及定位关系尺寸）；

④ 平、剖面图未能表示出来的屋顶、檐口、女儿墙、窗台以及其他装饰构件、线脚等的标高或尺寸；

⑤ 在平面图上表达不清的窗编号；

⑥ 各部分装饰用料名称或代号，剖面图上无法表达的构造节点详图索引；

⑦ 图纸名称、比例；

⑧ 各个方向的立面应绘齐全，但差异小、左右对称的立面或部分不难推定的立面可简略；内部院落或看不到的局部立面，可在相关剖面图上表示，若剖面图未能表示完全时，则需单独绘出。

3. 剖面图基本内容

① 剖视位置应选在层高不同、层数不同、内外部空间比较复杂、具有代表性的部位；建筑空间局部不同处以及平面、立面均表达不清的部位，可绘制局部剖面；

② 墙、柱、轴线和轴线编号；

③ 剖切到或可见的主要结构和建筑构造部件，如室外地面、底层地（楼）面、地坑、地沟、各层楼板、夹层、平台、吊顶、屋架、屋顶、出屋顶烟囱、天窗、挡风板、檐口、女儿墙、爬梯、门、窗、外遮阳构件、楼梯、台阶、坡道、散水、平台、阳台、雨篷、洞口及其他装修等可见的内容；

④ 高度尺寸，外部尺寸——门、窗、洞口高度、层间高度、室内外高差、女儿墙高度、阳台栏杆高度、总高度；内部尺寸——地坑（沟）深度、隔断、内窗、洞口、平台、吊顶等；

⑤ 标高，主要结构和建筑构造部件的标高，如室内地面、楼面（含地下室）、平台、雨篷、吊顶、屋面板、屋面檐口、女儿墙顶、高出屋面的建筑物、构筑物及其他屋面特殊构件等的标高，室外地面标高；

⑥ 节点构造详图索引号；

⑦ 图纸名称、比例。

4. 详图基本内容

① 内外墙、屋面等节点，绘出不同构造层次，表达节能设计内容，标注各材料名称及具体技术要求，注明细部和厚度尺寸等；

② 楼梯、电梯、厨房、卫生间等局部平面放大和构造详图，注明相关的轴线和轴线编号以及细部尺寸、设施的布置和定位、相互的构造关系及具体技术要求等；

③ 室内外装饰方面的构造、线脚、图案等；标注材料及细部尺寸、与主体结构的连接构造等；

④ 门、窗、幕墙绘制立面图，对开启面积大小和开启方式，与主体结构的连接方式、用料材质、颜色等作出规定；

⑤ 对另行委托的幕墙、特殊门窗，应提出相应的技术要求；

⑥ 其他凡在平、立、剖面图或文字说明中无法交代或交代不清的建筑构配件和建筑构造。

第二节　设备布置图的内容与图示特点

设备布置图是用来表示设备与建筑物、设备与设备之间的相对位置，并能直接指导设备的安装的重要技术文件。设备布置图应以管道及仪表流程图、土建图、设备表、设备图、管道走向和管道图及制造厂提供的有关产品资料为依据绘制。绘制时，设备布置图的内容表达及画法应遵守化工设备布置设计的有关规定 HG/T 20546—2009 和 HG/T 20519—2009。

一、设备布置图的内容

如图 6-7 所示，设备布置图包含的主要内容如下：

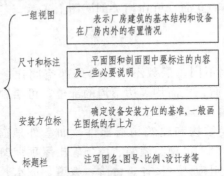

一组视图	表示厂房建筑的基本结构和设备在厂房内外的布置情况
尺寸和标注	平面图和剖面图中要标注的内容及一些必要说明
安装方位标	确定设备安装方位的基准，一般画在图纸的右上方
标题栏	注写图名、图号、比例、设计者等

这些内容要表达清楚：①设备之间的相互关系；②界区范围的总尺寸和装置内关键尺寸，如建、构筑物的楼层标高及设备的相对位置；③土建结构的基本轮廓线；④装置内管廊、道路的布置。

二、设备布置图的图示方法

1. 分区

设备布置图是按工艺主项绘制的，当装置界区范围较大而其中需要布置的设备较多时，设备布置图可以分成若干个小区绘制。各区的相对位置在装置总图中表明，分区范围线用双点画线表示。为了了解分区情况，方便查找，应绘制分区索引图。该图可利用设备布置图进

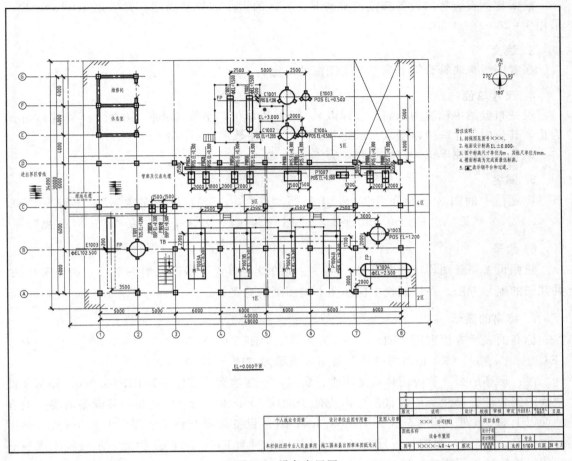

图 6-7　设备布置图

行绘制，并作为设计文件之一，发往施工现场。

(1) 分区原则

① 以小区为基本单位，将装置划分为若干小区。每一小区的范围，以使该小区的管道平面布置图能在一张图纸上绘制完成为原则。

② 小区数不得超过 90 个。

(2) 分区索引图画法（图 6-8）

① 分区索引图利用设备布置图并添加分区界线，注明各区的编号。

② 没分大区而只分小区的分区索引图，分区界线用粗双点画线（线宽 0.6～0.9mm）表示。大区与小区相结合的分区索引图，大区分界线用粗双点画线（线宽 0.6～0.9mm）表示，小区分界线用中粗双点画线（线宽 0.3～0.5mm）表示。

(3) 分区编号和所在区位置的表示法

① 小区用两位数进行编号，即按 11、12、13……97、98、99 进行编号。

② 分区号应写在分区界线的右下角 16mm×6mm 矩形框内，字高为 4mm。

③ 在管道布置图标题栏的上方用缩小的并加阴影线的索引图，表示该图所在区的位置。

2. 图幅和比例

设备布置图一般采用 A1 图幅，不加长加宽。特殊情况也可采用其他图幅。

绘图比例视装置的设备布置疏密情况、界区的大小和规模而定。常采用 1∶100，也可采用 1∶200 或 1∶50。

3. 线宽

布置图线宽要符合第五章工艺类图纸的规定。

4. 尺寸单位

设备布置图中标注的标高、坐标以米（m）为单位，小数点后取三位数，至毫米（mm）为止，其余的尺寸一律以毫米（mm）为单位，只注数字，不注单位。

如有采用其他单位标注尺寸时，应注明单位。

5. 图名

标题栏中的图名一般分为两行，上行写"（××××）设备布置图"，下行写"EL-××.×××平面"、"EL±0.000平面"、"EL+××.×××平面"或"×—×剖视"等。

6. 编号

每张设备布置图均应单独编号。同一主项的设备布置图不得采用一个号并加上第几张、共几张的编号方法。在标题栏中应注明本类图纸的总张数。

7. 标高的表示

标高的表示方法宜用"EL-××.×××"、"EL±0.000"、"EL+××.×××"，对于"EL+××.×××"，也可将"+"省略，表示为"EL××.×××"。

注：标高的另一种曾用格式是不带正负号，一楼地面基准标注为 EL100.000，则低于此地面的安装位置仍然是正数（很少出现低于地面 100m 的设备）。例如：某设备需要安装在地面以上 3.5m 处，则可标注为 EL103.500；若某设备需要安装在地面以下 3.5m 处，则可标注为 EL96.500，而按照现行规定，此处应该注写为 EL-3.500。因此，工程技术人员必须依据给定的地面基准正确读图。

8. 视图的配置

① 设备布置图包括平面图和剖视图。剖视图中应有一张表示装置整体的剖视图。对于较复杂的装置或多层建筑物内的装置，平面图表达不清楚时，应该绘制多张剖视图或局部视图，剖视符号用字母 A—A、B—B、C—C……或罗马数字 Ⅰ—Ⅰ、Ⅱ—Ⅱ、Ⅲ—Ⅲ……表示。多张图的绘制顺序从下而上、从左到右按层次排列，一般每层只画一个平面图，有操作台的一般绘制台子下方的平面图，上方可以另画局部平面图。

② 设备布置图一般以联合布置的装置或独立主项为单元绘制，界区以粗双点划线表示。平面图和剖视图可以绘制在同一张图上，也可以单独绘制。平面图表达厂房某层上设备布置情况的水平剖视图，它还能表示出厂房建筑的方位、占地大小、分隔情况及与设备安装、定位有关的建筑物、构筑物的结构形状和相对位置。剖视图是假想用一平面将厂房建筑物沿垂直方向剖开后投影得到的立面剖视图，用来表达设备沿高度方向的布置安装情况。

9. 图面布置

整个图形应尽量布置在图纸中心位置，详图表示在周围空间。

一般情况下，图形应与图纸左侧及顶部边框线留有 70 mm 净空距离。标题栏的上方不宜绘制图形，应依次布置缩制的分区索引图、设计说明、设备一览表等。

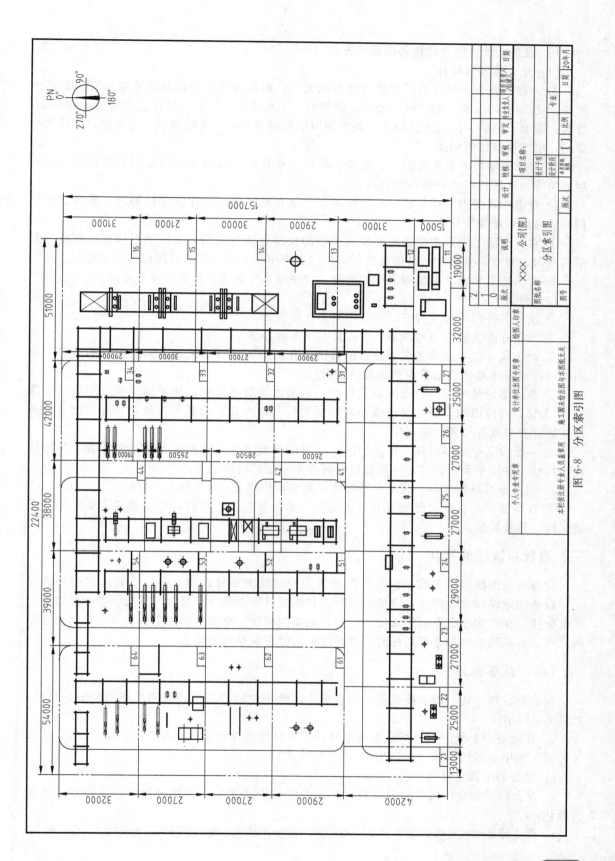

图 6-8 分区索引图

10. 设备、建筑物及其构件的图示方法

(1) 建筑物及其构件

① 一般情况下，只画出厂房建筑的空间大小、内部分隔及与设备安装定位有关的基本结构，包括：门、窗、墙、柱、楼梯、操作台、下水箅子、吊篮、栏杆、安装孔、管廊架、管沟、围堰、道路、通道等。用虚线画出预留的检修空间，如有控制室、配电室、生活及辅助间，也需要按比例画出。

② 与设备定位关系不大的门、窗等构件，一般只在平面图上画出它们的位置、门的开启方向等，在剖视图上一般不予表示。

③ 设备布置图中的承重墙、柱等结构，用细点画线画出其建筑定位轴线，建筑物及其构件的轮廓用细实线绘出。

④ 在平面图上表示重型或超限设备吊装的预留空地和空间。在框架上抽管束需要用起吊机具时，宜在需要最大起吊机具的停车位置上画出最大起吊机具占用位置的示意图。

⑤ 对于进出装置区有装卸槽车的情况，宜将槽车外形图示意在其停车位置上。

(2) 设备

① 设备的外形轮廓及其安装基础用粗实线绘制。

② 对于外形比较复杂的设备，可以只画出基础外形。

③ 对于同一位号的设备多于三台的情况，在图上可以只画出首末两台设备的外形，中间的可以只画出基础或用双点画线方框表示。

④ 非定型设备可适当简化画出其外形，包括附属的操作台、梯子和支架（注出支架图号）。无管口方位图的设备，应该画出其特征管口（如人孔）并表示方位角，卧式设备应画出其特征管口或标注固定端支座。

⑤ 一个设备穿过多层建、构筑物时，在每层平面上均需画出设备的平面位置，并标注设备位号。各层平面图是以上一层的楼板底面水平剖切的俯视图。

⑥ 动设备可只画基础，表示出特征管口和驱动机的位置，如图 6-9 所示。

⑦ 在需要时，在平面图的右下方可以列一个设备表，此表内容可以包括设备位号、设备名称、设备数量。

三、设备布置图的标注

设备布置图的标注内容：包括厂房建筑定位轴线的编号，建（构）筑物及其构件的尺寸，设备的定位尺寸和标高，设备的位号、名称及其他说明等。其中，标高、坐标要以米为单位标注，保留到小数点后第 3 位。厂房建筑物的标注，主要是标注定位轴线编号及轴线间的尺寸，并标注室内外地坪的标高，其标注格式已在本章开始述及。

（一）设备标注

反应器、塔、槽、罐和换热器，一般标注建筑定位轴线与中心线间的距离为定位尺寸，如图 6-9 所示。

① 在设备中心线的上方标注设备位号，下方标注支撑点标高（如 POS EL＋××.×××）或主轴中心线的标高（如φEL＋××.×××）。

② 设备的平面定位尺寸。

a. 设备的平面定位尺寸尽量以建、构筑物的轴线或管架、管廊的柱中心线为基准线进行标注；

b. 卧式设备和换热器以设备中心线和固定端或滑动端中心线为基准线，如图 6-10（a）所示；

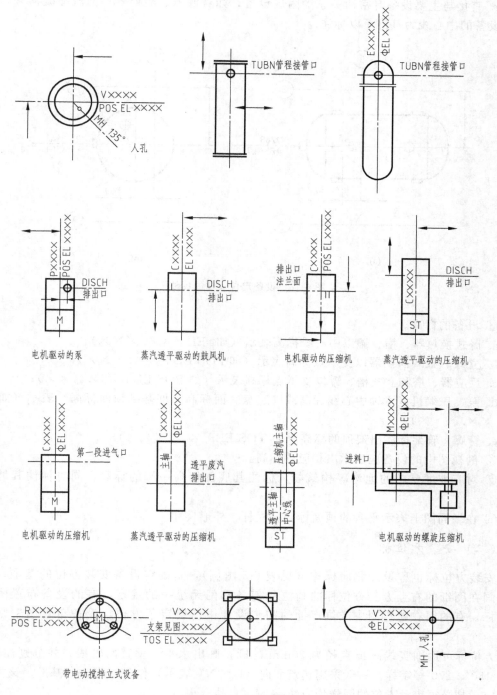

图 6-9　典型设备的标注

c. 立式反应器、塔、槽、罐和换热器以设备中心线为基准线，如图 6-10（b）所示；

d. 离心式泵、压缩机、鼓风机、蒸汽透平以中心线和出口管中心线为基准线；

e. 往复式泵、活塞式压缩机以缸中心线和曲轴（或电动机轴）中心线为基准线；

f. 板式换热器以中心线和某一出口法兰端面为基准线；

g. 直接与主要设备有密切关系的附属设备，如再沸器、喷射器、回流冷凝器等，应以主要设备的中心线为基准予以标注。

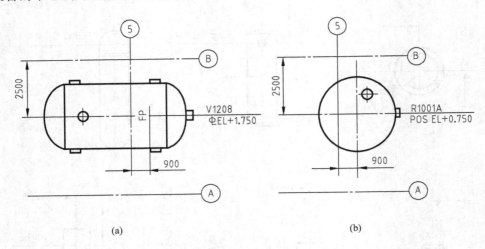

图 6-10 设备定位尺寸的标注

③ 设备的标高。

a. 卧式换热器、槽、罐以中心线标高表示（如 ¢EL＋××.××××）；

b. 立式、板式换热器以支承点标高表示（如 POS EL＋××.××××）；

c. 反应器、塔和立式槽、罐以支承点标高表示（如 POS EL＋××.××××）；

d. 泵、压缩机以主轴中心线标高或以底盘底面标高（即基础顶面标高）表示（如 POS EL＋××.××××）；

e. 管廊、管架标注出架顶的标高（如 TOS EL＋××.××××）。

④ 剖视图中的设备应表示出相应的标高。

⑤ 对有坡度要求的地沟等构筑物，标注其底部较高一端的标高，同时标注其坡向及坡度。

⑥ 在平面图上表示平台的顶面标高、栏杆、外形尺寸。

（二）安装方位标

安装方位标也称设计北向标志（见表 6-5 图例），是确定设备安装方位的基准。一般将其画在图纸的右上方。方位标的画法目前各部门无统一的规定，有的设备布置图中有方位标，有的因在建筑图中或供审批的初步设计中已确定了方位，设备布置图中则不再标注。

方位标可用细实线画出直径为 20mm 的圆，画出水平、垂直两轴线，并分别注以 0°、90°、180°、270°等字样。一般采用建筑北向（以"N"表示）作为零度方向基准。该方位一经确定，凡必须表示方位的图样均应统一。

（三）图中的附注

剖视图见图号××××。

地面设计标高为 EL±0.000。

图纸中的尺寸除标高、坐标以米（m）为单位以外，其余的以毫米（mm）计。

表 6-5　设备布置图图例

名　称	图　例	名　称	图　例
方向标（圆直径为 20mm）	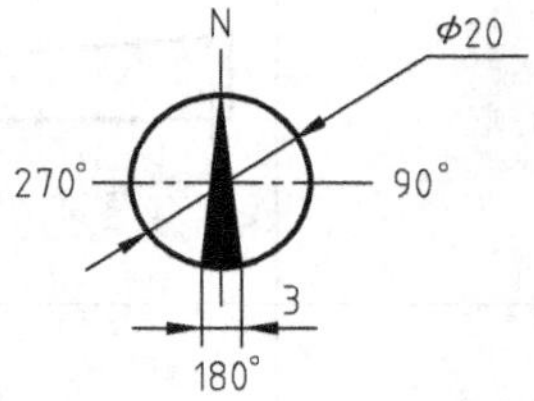	砾石（碎石）地面	
素土地面		混凝土地面	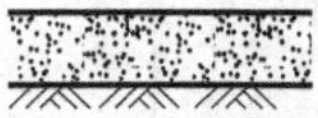
钢筋混凝土	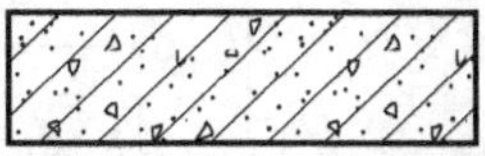	安装孔、地坑（剖面涂红色或填充灰色）	
电动机	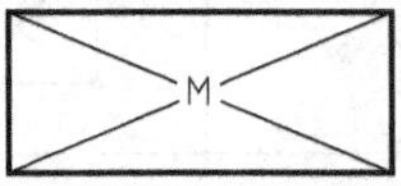 M	圆形地漏	
仪表盘、配电箱	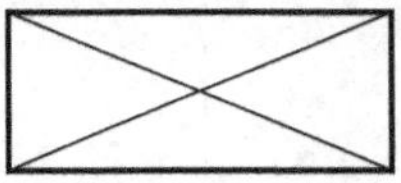	双扇门（剖面涂红色或填充灰色）	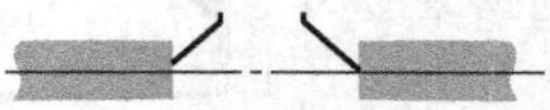
单扇门（剖面涂红色或填充灰色）	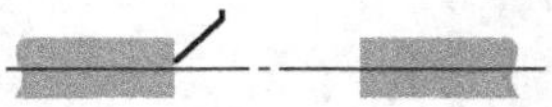	空门洞（剖面涂红色或填充灰色）	
窗（剖面涂红色或填充灰色）	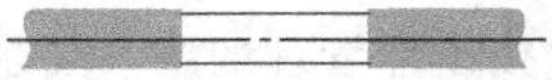	栏杆	 平面　立面
花纹钢板	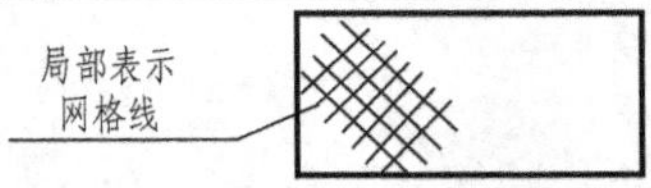 局部表示网格线	算子板	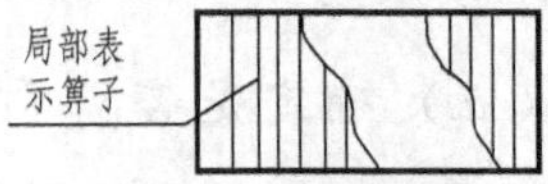 局部表示算子
楼板及混凝土梁（剖面涂红色或填充灰色）		钢梁（剖面涂红色或填充灰色）	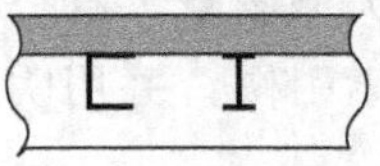
楼梯	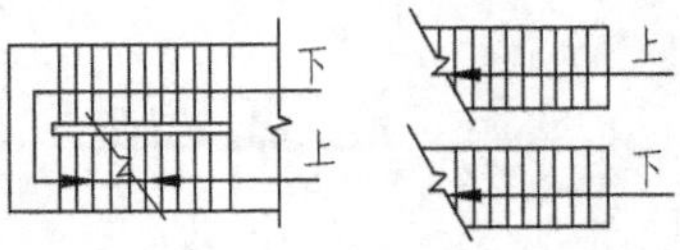 下　上　上　下	直梯	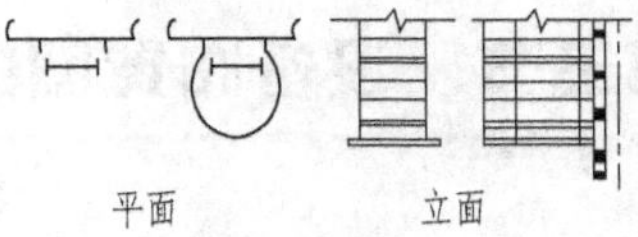 平面　立面
地沟混凝土盖板	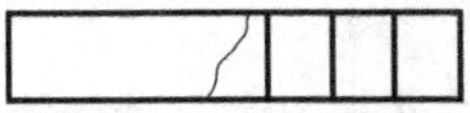	柱子（剖面涂红色或填充灰色）	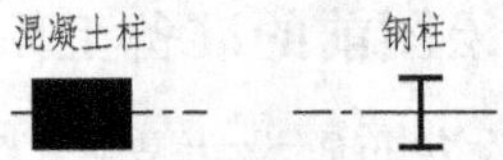 混凝土柱　钢柱
管廊（按柱子截面形状表示）	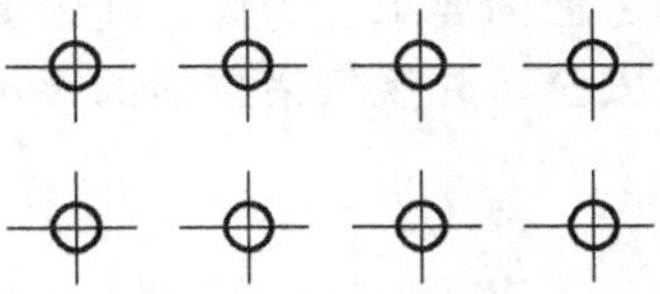	单轨吊车	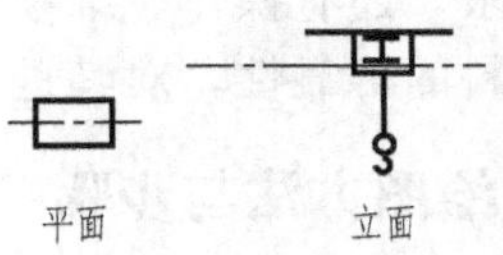 平面　立面

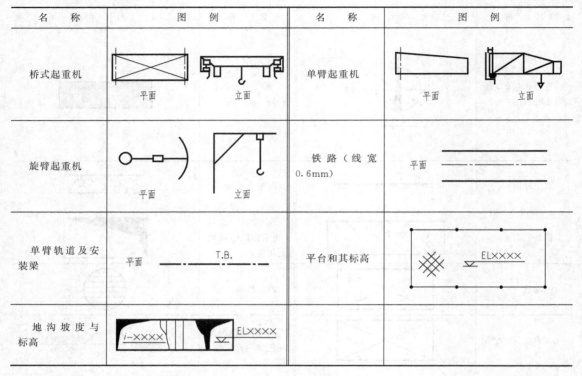

名　称	图　例	名　称	图　例
桥式起重机	平面　立面	单臂起重机	平面　立面
旋臂起重机	平面　立面	铁路（线宽0.6mm）	平面
单臂轨道及安装梁	平面　T.B.	平台和其标高	ELXXXX
地沟坡度与标高	i—XXXX　ELXXXX		

附注写在标题栏的正上方。

（四）修改栏

应按设计管理规定加修改栏，在每次修改版中按设计管理的统一要求填写修改标记、内容、日期及签署。

（五）确定是否需要分区索引图

对大型装置（有分区），需要在设备布置图 EL±0.000 平面图的标题栏上方，绘制缩小的分区索引图，并用阴影线表示出该设备布置图在整个装置中的位置。

第三节　设备布置图的绘制和阅读

一、绘图前的准备工作

设备布置设计是化工工程设计的一个重要阶段。设备平面布置必须满足工艺、经济及用户要求，还有操作、维修、安装、安全、外观等方面的要求。为此，在绘图前需要进一步考查资料的可靠性，对其进行技术、经济、维护、安全、外观等诸方面的评价。

二、绘图方法与步骤

无论手工绘制还是计算机绘图，步骤具有相似性，一般过程如下：

（1）确定视图配置　确定视图的类型和数量，如平面图、立面图的个数，要不要绘制分区索引图等。

（2）选定比例与图幅　按照实际要求选择合适的比例和幅面，常用 1：100 比例和 A1 图纸。

（3）绘制设备平面布置图　①用细点画线画出建筑定位轴线；②细实线画出厂房平面图，表示厂房的基本结构；注写厂房定位轴线编号；③用细点画线画出设备的中心线；④用粗实线画出设备、支架、基础、操作平台等的基本轮廓；⑤注写设备位号与名称；⑥标注厂房定位轴线间的尺寸；⑦标注设备基础的定形和定位尺寸。

（4）绘制设备布置剖面图　立面图依据需要而定，复杂的工艺可以多绘制一些立面图。

（5）绘制方位标

（6）制作设备一览表

（7）完成图样　填写标题栏；检查、校核，最后完成图样。

三、设备布置图的阅读

设备布置图主要是确定设备与建筑物结构、设备间的定位问题。阅读时首先要具备厂房建筑图的知识、与化工设备布置有关的知识。与化工设备图不同，阅读设备布置图不需要对设备的零部件投影进行分析，也不需要对设备定形尺寸进行分析。

1. 明确视图关系

设备布置图由一组平面图和剖视图组成，这些图样不一定在一张图纸上，看图时要首先清点设备布置图的张数，明确各张图上平面图和立面图的配置，进一步分析各立面剖视图在平面上的剖切位置，弄清各个视图之间的关系。

2. 看懂建筑结构

建筑结构的分析，主要通过平面图和立面图的信息结合，了解各层厂房建筑的标高，每层中的楼板、墙、柱、梁、楼梯、门、窗及操作平台、坑、沟等结构情况，以及它们之间的相对位置。由厂房的定位轴线间距可得厂房大小，包括厂房的总长度和宽度。

3. 分析设备的位置

对布置图中设备的排列方式、间距和定位尺寸进行分析，得出设备的安装信息。

分析示例：

如图 6-11 所示为平面布置图的一部分分区，在这个分区内可以看到以下信息：

① 该图是 3.5m 高处的平面布置图，未提工立面图信息，厂房东西向定位轴间的距离是 4m，南北向定位轴间的距离是 3.6m；

② 在这个分区共布置了 4 个设备，它们的设备位号分别是 R0301、E0305、V0304A、V0304B；

③ 设备 R0301 属于立式设备，安装高度以支座为基准，安装在该层 0.500m 高度处；设备 E0305 是换热器，安装在该层 2.3m 高度处；设备 V0304A 和 V0304B 属于同样规格的卧式设备，安装高度以设备中心轴线为基准，距离本层地面 2.150m；

④ 设备 R0301 的定位尺寸是：以横截面对称线为基准，东西向距离厂房定位轴 1 为 1.6m，南北向距离定位轴 C 为 1.5m；换热器是以出口法兰端面的对称线为基准进行定位，其中东西向定位的参考点是临近的设备；设备 V0304A 和 V0304B 的东西向定位是以中心轴线为基准，南北向的定位是以封头焊缝为基准。

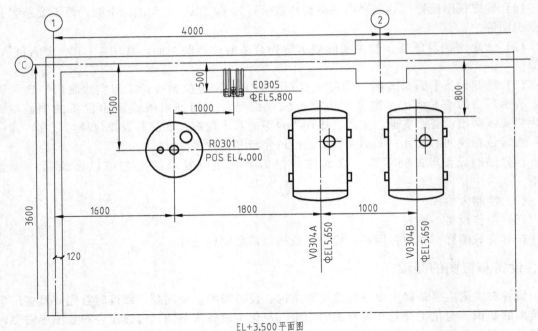

EL+3.500平面图

图 6-11 平面布置图实例

习 题 六

1. 说明下列图标的含义：

2. 说明下列标注之间的区别：

(1) EL5.300 EL+5.300   EL−5.300   （一楼地面 EL±0.000）

(2) EL5.650 EL105.650   POS EL105.650 ¢EL105.650（一楼地面 EL100.000）

3. 按图 6-11 绘制设备布置图，将本层地面标注为 EL103.500，并按此基准标注各个设备的尺寸。

4. 自行设计并绘制一个简单蒸馏设备平面布置图，包含的设备为：原料储罐 V101；预热器 E-101；冷却器 E102；冷凝器 E103；产品储罐 V102；精馏塔 T101；原料泵 P101；产品泵 P102。厂房建筑物、设备安装尺寸自拟，正确标注和书写相关表格。

第七章

管道布置图

第一节　管道布置图的内容

一、一般规定

1. 图幅
管道布置图图幅应尽量采用 A1，较简单的也可采用 A2，较复杂的可采用 A0，同区的图应采用同一种图幅。图幅不宜加长或加宽。

2. 比例
常用比例为 1：50，也可采用 1：25 或 1：30，但同区的或各分层的平面图，应采用同一比例。

3. 尺寸单位
管道布置图中标注的标高、坐标以米（m）为单位，小数点后取三位数，至毫米（mm）为止；其余的尺寸一律以毫米（mm）为单位，只注数字，不注单位。管子公称直径一律用毫米（mm）表示。

4. 地面基准
地面设计标高为 EL±0.000。

5. 图名
标题栏中的图名一般分成两行书写，上行写"管道布置图"，下行写"EL××.×××平面"或"A—A、B—B……剖视等"。

6. 尺寸线
尺寸线的始末应标绘箭头（打箭头或打杠）。不按比例画图的尺寸应在其下面画一道横线（轴侧图除外）。

7. 尺寸注写位置
尺寸应写在尺寸线的上方中间，并且平行于尺寸线。

8. 图线和字体
应符合第四章有关规定。

二、图面基本内容和要求

管道布置图由视图、尺寸、标题栏等组成，主要用平面图表达整个车间（主项）的设备、建筑物的简单轮廓以及管道、管件、阀门、仪表控制点等布置安装情况，见图7-1示例。和车间布置图一样，要求表达建筑物的尺寸，注明管道及管件、阀门、控制点等的平面位置和标高尺寸，标注建筑物轴线编号，设备位号、管段序号、控制点代号等；在标题栏中填写清楚图名、图号、比例、责任者等，在平面图上要有方位标。

1. 分区绘制

管道布置图应按设备布置图或按分区索引图所划分的区域（以小区为基本单位）绘制。区域分界线用粗双点画线表示，在区域分界线的外侧标注分界线的代号、坐标、与该图标高相同的相邻部分的管道布置图图号，见图7-2。

2. 视图配制

管道布置图以平面图为主，当平面图中局部表示不够清楚时，可绘制剖视图或轴侧图，该剖视图或轴侧图可画在管道平面布置图边界线以外的空白处（不允许在管道平面布置图内的空白处再画小的剖视图或轴侧图），或绘在单独的图纸上，见图7-1示例。绘制剖视图时要按比例画，可根据需要标注尺寸。

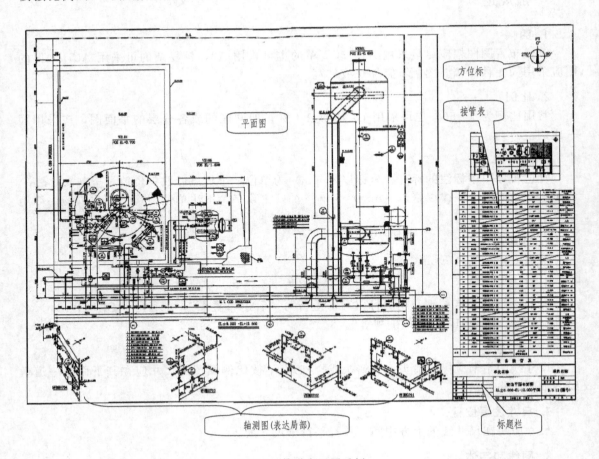

图 7-1　管道布置图示例

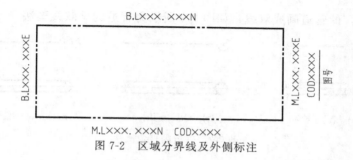

图 7-2 区域分界线及外侧标注

3. 局部轴侧图

在局部轴侧图的下方应注明详图编号及该详图所表示的原图图纸尾号及网格号，以便查找所在的位置，如"10"（06-E3）表示第 10 个样图，原图图纸尾号 06，网格号 E3。

10	→ "10"——表示详图编号
06	→ "06"——表示详图所在图的图纸尾号，若画在本图空白处，则用"～"表示
E3	→ "E3"——表示详图所在图的网格号

方框尺寸为 12mm × 15mm，字高为 3mm。

轴侧图可不按比例，但应标注尺寸，且相对尺寸正确。剖视符号规定用 A—A、B—B……等大写英文字母表示，在同一小区内符号不得重复。平面图上要表示所剖截面的剖切位置、方向及编号，必要时标注网格号。轴侧图的表示方法见最后部分。

4. 绘制顺序

对于多层建筑物、构筑物的管道平面布置图应按层次绘制，如在同一张图纸上绘制几层平面图时，应从最低层起，在图纸上由下至上或由左至右依次排列，并于各平面图下注明"EL±0.000 平面"，或"EL××.×××平面"。

5. 方位标

在绘有平面图的图纸右上角，管口表的左边，应画出与设备布置图的工厂北向一致的方向标。

第二节　管道布置图表达方法

一、管道及其配件的图示方法

管道布置图又称配管图，主要表达管道及其附件在厂房建筑物内外的空间位置、尺寸和规格，以及与有关机器、设备的连接关系。是管道安装施工的重要技术文件。

（一）管道的规定画法

1. 管道的表示法

① 在管道布置图中应该依据管道公称直径（DN）的大小决定绘制单线还是双线管道。一般地，$DN \geqslant 400$mm（或 16in）时，画成双线；$DN \leqslant 350$mm（或 14in）时，画成单线；介于两者之间的管道依据视图的清晰程度决定。当大口径的管道不多时，可以将 $DN \geqslant$

250mm（或 10in）的管道画成双线，如图 7-3 所示为管道的单双线画法。

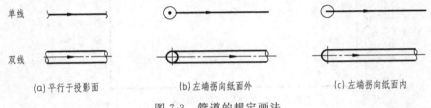

图 7-3　管道的规定画法

② 在适当位置画上表示流向的箭头，双线管的箭头应画在中心线上。

2. 管道弯折的表示法

按照管道的规定画法，管道发生弯折时包括直角拐弯和非直角两种，其画法如图 7-4 所示，非直角情况，将弯折处画成圆弧，不标注径向对称线。

3. 管道交叉的表示法

当管道交叉但不相通时，可以采用遮挡画法，如图 7-5（a）所示。这种画法实际上是将后面的管道断开表达，不画断裂处的波浪线。也可以将遮挡住的管道画成虚线的形式，如图 7-5（c）所示，但此方法不适用于单线管道遮挡住双线管道的情况。图 7-5（b）给出了另一种画法——断开画法。这种画法一般是断开前面的管道，类似于前面所讲的重叠管道画法。对于绕弯与另一管道交叉的情况，其主视图可采用断开画法，可用向视图表达交叉处的结构，见图 7-5（d）。

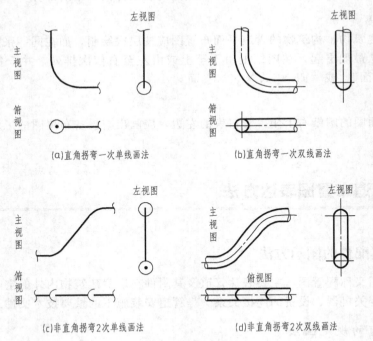

(a)直角拐弯一次单线画法　　(b)直角拐弯一次双线画法

(c)非直角拐弯2次单线画法　　(d)非直角拐弯2次双线画法

图 7-4　管道弯折的表示法

4. 管道相通的表示法

二通管道属于弯折情况，在此不再赘述。三通、四通管道直接画成中心线相交形式，如图 7-6 所示为三通管道的单双线画法。

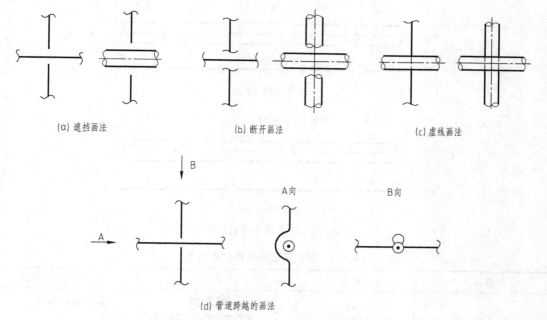

(a) 遮挡画法　　　　　　　(b) 断开画法　　　　　　　(c) 虚线画法

(d) 管道跨越的画法

图 7-5　管道交叉（但不相通）的表示法

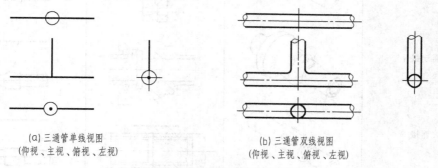

(a) 三通管单线视图　　　　　　　　　(b) 三通管双线视图
(仰视、主视、俯视、左视)　　　　　　　(仰视、主视、俯视、左视)

图 7-6　三通管道的单双线画法

5. 管道重叠的表示法

　　当管道的投影重合时，可将可见管道的投影断裂表示，不可见管道的投影则画至重影处（稍留间隙），如图 7-7 所示。较少的管道重叠时，可以用断裂符号数量加以区别，如图 7-7 (a) 所示。但如果重叠的管道较多（超过 4 条），应在管道投影断裂处注写相应的小写字母加以区分，如图 7-7 (b) 所示。

（二）管件、管件与管道连接的表示法

　　① 按比例画出管道和管道上的阀门、管件（包括弯头、三通、法兰、异径管、软管接头等管道连接件）、管道附件、特殊管件等。
　　② 应该表达出各种管件连接形式，焊点位置应按管件长度比例绘制。
　　管道与管件连接的表示法，见 HG/T 20519.4—2009，两段直管常见的四种连接形式及画法见表 7-1。其中连接符号之间的是管件，如图 7-8 所示。附录给出了管道布置图上的管子、管件、阀门及管道特殊件图例。

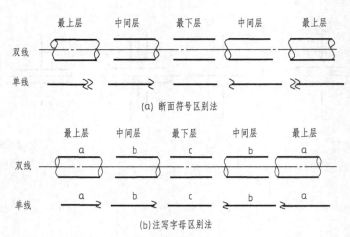

(a) 断面符号区别法

(b) 注写字母区别法

图 7-7 管道重叠的表示法

表 7-1 不同管道连接形式的画法

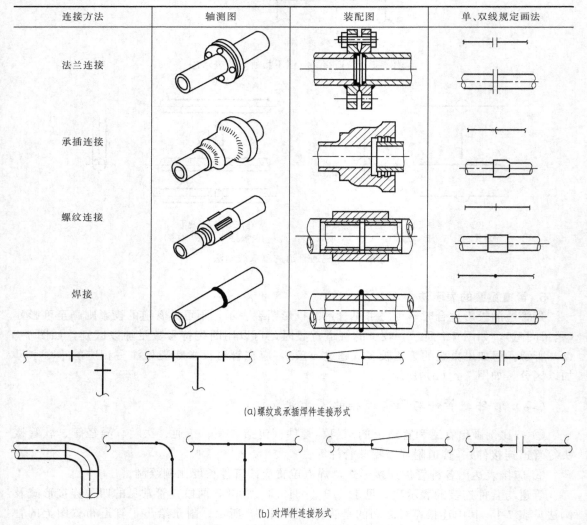

连接方法	轴测图	装配图	单、双线规定画法
法兰连接			
承插连接			
螺纹连接			
焊接			

(a)螺纹或承插焊件连接形式

(b)对焊件连接形式

图 7-8 管道与管件连接的表示法

③ 检测元件用 φ10mm 的圆圈表示，圆圈内的标注与管道工艺流程图的规定一致。

④ 用细点画线按比例绘制就地仪表盘、电气盘的外轮廓和位置，但不必标注尺寸。

⑤ 取样阀要绘制到阀门根部，并标注符号，如图 7-9（a）所示。排液或放空管道一样需要正确标注公称尺寸，如图 7-9（b）所示。

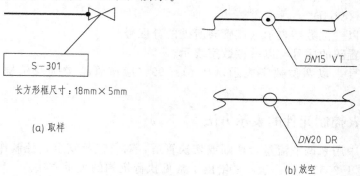

图 7-9　取样或放空表示法

二、管架的编号和管架的表示方法

　　管架用来固定和支撑管道，在平面图上在其位置用符号和编号来表示，管架编号由五部分内容组成，标注的格式如图 7-10（a）所示，图 7-10（b）所示为管架在管道上的表示法，无管托的用"×"标记，旁边注写管架编号；有管托的用细实线圆圈（一般为 5mm 直径），内部用"×"标记，旁边注写管架编号。垂直纸面管道上的管架或弯头处的支架，其符号标记在细实线对称线上，注写相应的骨架编号，见图 7-10（c）。若一排管子的骨架相同，可以只注写一个编号，用连线表示，见图 7-10（d）。

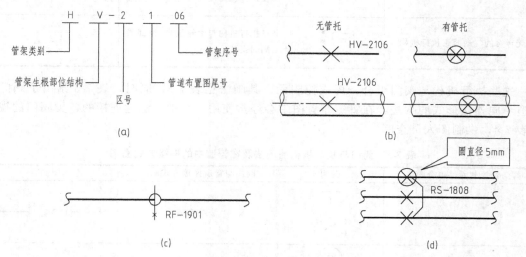

图 7-10　管架的表示方法和编号

管架编号各部分说明：

（1）管架类别　管架类别代号表示以下内容：

A—表示固定架（Anchor）　　　　　G—表示导向架（Guide）

R—表示滑动架（Resting）　　　　　H—表示吊架（Rigid Hanger）

S—表示弹簧吊架（Spring Hanger）　　P—表示弹簧支座（Spring Pedestal）

E—表示特殊架（Especial Support）   T—表示轴向限位架（停止架）

（2）管架生根部位的结构 符号含义如下：

C—表示混凝土结构（Concrete）   F—表示地面基础（Fundation）

S—表示钢结构（Steel）   V—表示设备（Vessel）

W—表示墙（Wall）

（3）区号 以一位数字表示（该管架所处的分区号）。

（4）管道布置图的尾号 以一位数字表示。

（5）管架序号 以两位数字表示，从 01～99（应按管架类别及生根部位的结构分别编写）。

三、阀门及仪表控制元件的表示方法

阀门在管道中用来调节流量，切断或切换管道，对管道起安全、控制作用。常用的阀门图形符号见 HG/T 20519.32。表 7-2 给出了常见执行机构的表示方法。

表 7-2 常见执行机构的表示方法

形式	图形符号	形式	图形符号
通用的执行机构(不区别执行结构型式)		电磁执行机构	
带弹簧的气动薄膜执行机构		活塞执行机构	
电动机执行机构		带气动阀门定位器的气动薄膜执行机构	
无弹簧的气动薄膜执行机构	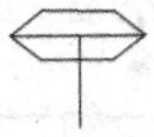	执行机构与手轮组合(顶部或侧面安装)	

这些执行机构与阀门组合，形成控制元，其画法见表 7-3，同时，表 7-3 给出了阀门与管道不同连接形式的画法，在管道布置图中会经常使用。其中，法兰连接的各类阀门的视图见表 7-4，供制图人员查阅。

表 7-3 阀门与执行机构的画法及在管道中的连接方式图例

阀门和控制元件组合画法	图例	阀门与管道连接方式画法	图例
手动阀		法兰连接	
电动阀		螺纹连接	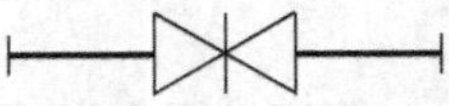
气动阀	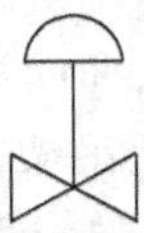	焊接	

表 7-4　不同阀门法兰连接画法

名称/代号	主视图	俯视图	左视图	轴测图
闸阀/Z				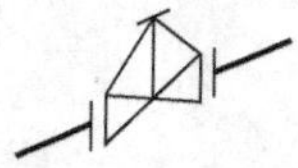
截止阀/J			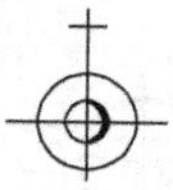	
节流阀/L				
止回阀/H			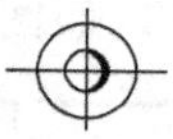	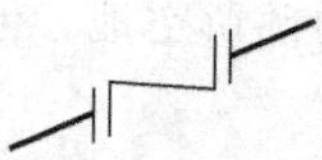
球阀/Q				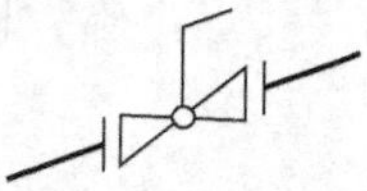

四、管道布置图上建（构）筑物的表示方法

① 建筑物和构筑物应按比例，根据设备布置图画出柱、梁、楼板、门、窗、楼梯、操作台、安装孔、管沟、箅子板、散水坡、管廊架、围堰、通道等。

② 标注建筑物、构筑物的轴线号和轴线间的尺寸。

③ 标注地面、楼面、平台面、吊车、梁顶面的标高。

④ 按比例用细实线标出电缆托架、电缆沟、仪表电缆盒、架的宽度和走向，并标出底面标高。

⑤ 生活间及辅助间应标出其组成和名称。

五、管道布置图上设备表示方法

① 用细实线按比例在设备布置图所确定的位置画出设备的简略外形和基础、平台、梯子（包括梯子的安全护圈）。

② 在管道布置图上的设备中心线上方标注与流程图一致的设备位号，下方标注支承点的标高（如 POS EL××.×××）或主轴中心线的标高（如φEL××.×××）。剖视图上的设备位号注在设备近侧或设备内。

③ 按设备布置图标注设备的定位尺寸。

④ 按设备图用 5mm × 5mm 的方块标注设备管口（包括需要表示的仪表接口及备用接口）符号，以及管口定位尺寸由设备中心至管口端面的距离（如已标注在管口表上，在图上可不标注）。如图 7-11 所示。

⑤ 设备的基础、裙座、支座都应该按比例表示，但可以不标注尺寸。

⑥ 当几套设备的管道连接完全相同时，可以只画出一套设备的管道，其余的用方框表示，但在总图中应绘出每套支管的接头位置。

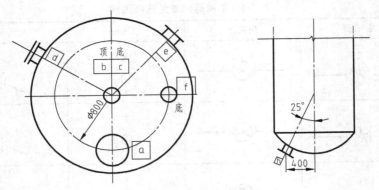

图 7-11　管口的标注方式

　　⑦ 管道布置图中用双点画线按比例表示出重型或超限设备的吊装区或检修区及换热器抽芯的预留空地，但不标注尺寸，如图 7-12 所示。

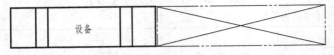

图 7-12　预留空地的表示方法

第三节　管道布置图的绘制及阅读

一、管道布置图的绘制原则

　　管道布置将直接影响工艺操作、安全生产、输出介质的能量损耗及管道的投资，同时也影响车间的美观，许多规则需要设计制图人员去细心领会。

　　① 腐蚀性强的物料管道，应布置在平行管道的外侧或下方，以防泄漏时腐蚀其他管道。冷、热管道应分开布置，无法避开时，依据传热规律，热管应该安排在上，冷管在下。

　　② 不同物料的管道及阀门，可涂刷不同颜色的油漆加以区别。容易开错的阀门，相互要拉开间距布置，并在明显处加以明确的标志。管道和阀门的重量，不要支承在设备上。

　　距离较近的两设备之间，管道一般不应直连，如图 7-13 （a）所示。因垫片不易配准，难以紧密连接，且会因热胀冷缩而损坏设备。此时应该使用波形伸缩器，或采用 45°斜角连接和 90°拐弯连接，如图 7-13 （b）、（c）、（d）所示。

　　③ 管道应避免出现 "气袋"、"口袋" 或 "盲肠"，如图 7-14 所示。

　　④ 管道应集中并架空布置，应尽量沿厂房墙壁安装，管道与墙壁间应能容纳管件、阀门等，同时也要考虑方便维修。

　　⑤ 所有管道高点应设放空，低点应设排液。对于液体管道的放空、排液应装阀门及螺纹管帽，而气体管道的排液也应装阀门及螺纹管帽。用于压力试验的放空管道仅装螺纹管帽。

　　排液阀门尺寸一般不能小于下述尺寸：

　　公称直径 $DN \leqslant 40\text{mm}$ 的管道，阀门尺寸为 15mm；

　　公称直径 $DN \geqslant 50\text{mm}$ 的管道，阀门尺寸为 20mm；

　　公称直径 $DN \geqslant 250\text{mm}$ 的管道，阀门尺寸为 25mm。

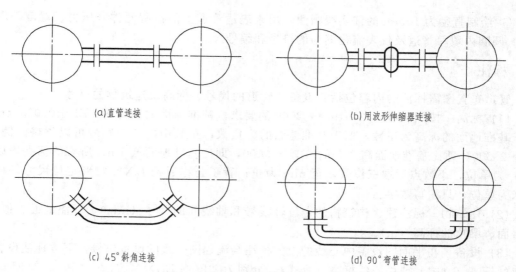

(a)直管连接   (b)用波形伸缩器连接

(c) 45°斜角连接   (d) 90°弯管连接

图 7-13　邻近设备的管道连接方式

图 7-14　"气袋"、"口袋"或"盲肠"样管道

注：对于易燃、易爆、有毒的流体放空排液，必须经处理措施后方可实施。

⑥ 按标准给定的符号标注设备上的液面计、液面报警器、放空、排液、取样点、测温点、测压点等，若其中某项有管道及阀门也应画出，可不标注尺寸。

二、管道布置图的绘制

1. 确定表达方案

以管道及仪表流程图、设备布置图为依据，一般只绘制管道的平面布置图。当某些局部无法用平面布置图表达清楚时，用剖视图或轴测图加以补充，这些补充视图要画在管道平面布置图边界线以外的空白处，或者单独绘制在另一张图纸上。

2. 确定比例、选择图幅、合理布局

确定表达方案后，要确定恰当的比例和图幅，然后进行视图的布局。管道布置图可选 1：30、1：25、1：50；尽量用 A0 图纸，简单时可使用 A1、A2。

3. 绘制视图

作图步骤大致如下：

① 画厂房平面图。管道布置图突出的是管道的排布，因此建、构筑物的绘制原则是：按比例、用细实线根据设备布置图画出柱、梁、楼板、门、窗、操作台、楼梯等。

② 画设备平面布置图。以设备布置图为依据，用细实线按比例画出设备的简单外形（应画出中心线和管口方位）和基础、平台、楼梯等。

③ 按工艺流程顺序、管道布置原则以及管道线型的要求，画出每根管道。

④ 用细实线画出管道上的阀门、管件、管道附件等。

⑤ 绘制直径为 10mm 的细实线圆圈，用来表达管道上的检测元件（压力、温度、取样等）。圆圈内填写管道及仪表流程图中的符号和编号。

三、标注

管道布置图需标注的内容包括：设备、管道的代号、标高及建筑物的尺寸。

（1）标高　按照 HG/T 20519.4—2009 的要求，基准地面的设计为：EL±0.000（m），高于基准地面的标高为正数，低于基准地面的为负数，正数中的"＋"号可以省略。例如：EL＋2.500，即比基准地面高 2.5m；EL−1.000，即比基准地面低 1m。所有的标高均以米（m）为单位，小数点后取三位数，至 mm 为止；管子公称通径 DN、定形定位尺寸一律以毫米为单位，只注写数字。

（2）建筑物　标注建、构筑物的定位轴线号和轴线间的尺寸（mm），标注地面、楼板、平台面、梁顶的标高（m）。

（3）设备　在平面图设备中心线的上方标注与流程图一致的设备位号，下方标注设备支承点的标高（立式）或中心线标高（卧式），分别为"POS EL×××.×××"、"ΦEL×××.×××"形式。若有剖视图，设备位号可注写在设备的近侧或设备内部，并标注设备的定位尺寸（主要是高度方向）。

（4）管道　将管道代号和标高分别标注在管道的上方（双线管道指的是中心线上方）和下方，具体要求是：

① 以管道中心线为标高基准的，标高标注为"EL×××.×××"；

② 以管底为基准的，加注管底代号，标高注写为"BOP EL×××.×××"；

③ 对于异径管，应标出前后端管子的公称直径，如：DN80/50 或 80×50；

④ 要求有坡度的管道，应标注坡度（代号用 i）和坡向，标注工作点标高（WP EL），并把尺寸线指向可以进行定位的地方，如图 7-15 所示；

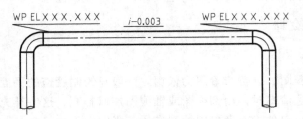

图 7-15　有坡度要求的管道标注方法

⑤ 非 90°的弯管和非 90°的支管连接，应标注角度；

⑥ 在管道布置图上，不标注管段的长度尺寸，只标注管子、管件、阀门、过滤器、限流孔板等元件的中心定位尺寸或以一端法兰面定位；

⑦ 在一个区域内，管道方向有改变时，支管和在管道上的管件位置尺寸应按设备管口或邻近管道的中心线来标注；

当有管道跨区通过接续线到另一张管道布置图时，为了连续的缘故，还需要从接续线上定位，只有在这种情况下，才出现尺寸的重复；

⑧ 标注仪表控制点的符号及定位尺寸，对于安全阀、疏水阀、分析取样点、特殊管件有标记时，应在 φ10mm 圆内标注它们的符号；

⑨ 为了避免在间隔很小的管道之间标注管道号和标高而缩小书写尺寸，可用附加线标注标高和管道号，此线可穿越各管道并指向被标注的管道；

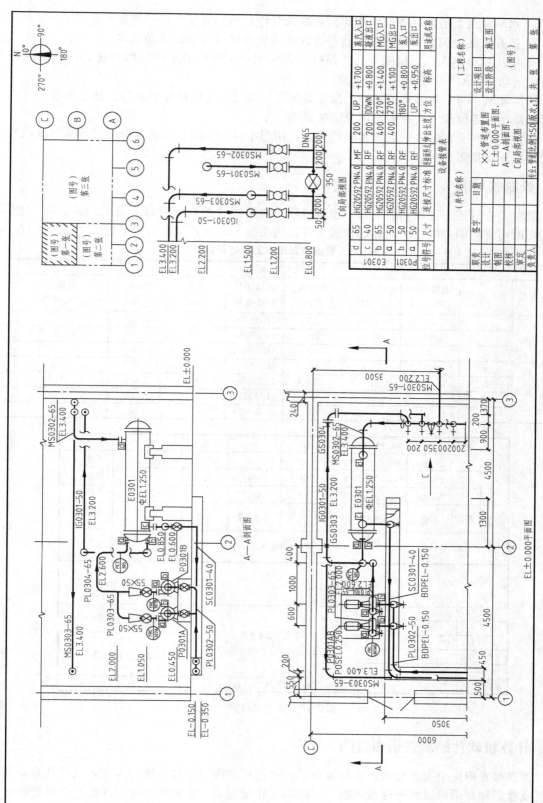

图 7-16 某管道布置图

⑩ 水平管道上的异径管以大端定位，螺纹管件或承插焊管件以一端定位；

⑪ 带有角度的偏置管和支管在水平方向标注线性尺寸，不标注角度尺寸；

⑫ 按比例画出人孔、楼面开孔、吊柱（其中用细实双线表示吊柱的长度，用点画线表示吊柱活动范围），不需标注定位尺寸。

（5）管架　每个管架均要有一个独立的编号，注写在管架符号的近旁。在水平管道标注的管架处标注定位尺寸，在垂直部分标注标高。

（6）索引图　在每张管道布置图的上方，用缩小的并加阴影线的索引图表示本图所在装置区的位置，见图7-16。

四、绘制管口表

管口表在管道布置图的右上角，填写该管道布置图中的设备管口。格式如表7-5，在实际应用时可类似明细栏绘制在标题栏的上方，表头在下，各管口由下向上列出，见图7-17。

表7-5　管道布置图右上角的管口表

管 口 表								
设备位号	管口符号	公称直径 DN/mm	公称压力 PN/MPa	密封面形式	连接法兰标准编号	长度 /mm	标高 /m	方位/(°) 水平角
	a	65	1.0	RF	HG20592		4.100	
T1304	b	100	1.0	RF	HG20593	400	3.800	180
	c	50	1.0	RF	HG20594	400	1.700	
	a	50	1.0	RF	HG20595		1.700	180
V1301	b	65	1.0	RF	HG20596	800	0.400	135
	c	65	1.0	RF	HG20597		1.700	120
	d	50	1.0	RF	HG20598		1.700	270

B1	DN100	HG 20592 PN1.6	RF	—	DOWN	+2.100	甲醇出口
A3	DN80	HG 20592 PN1.6	MF	—	UP 180°	+2.100	甲醇入口
A2	DN50	HG 20592 PN1.6	RF	1362	30°	+2.956	甲醇入口
A1	DN100	HG 20592 PN1.6	MF	1362	90°	+2.956	甲醇入口
位号	符号	尺寸	连接尺寸标准	连接面形式	伸出长度	方位	标高	用途或名称

设备接管表

单位名称		项目名称	
设　计		分项名称	D区
制　图		设计阶段	
校　核	管道平面布置图		
审　核	EL±0.000～EL+12.000 平面	2.3.12 (图号)	
审　定			
项目负责人	专业：管道　比例：1:30　版次：1	第 1 张	共 1 张

图7-17　接管表示例

五、计算机软件绘制管道布置图

管道布置图由于管道较多，走向复杂，往往使用平面图造成识图的困难，虽然结合局部剖视或管道轴测图可以解决这些问题，但绘图工作量较大，直观性不强。因此，三维制图逐渐受到广泛关注。目前，除 AutoCAD Plant 3D 外，著名三维视图软件有 PDS（Plant

Design System）、PDMS（Plant Design Management System）、PDSOFT（Plant Design Software），以及后来出现的 SmartPlant 3D、CADWorx 等。

（一）三维制图软件介绍

1. PDS

PDS（Plant Design System）工厂设计系统软件是世界上著名的 CAD 厂商之一 Intergraph 公司的主流产品，它是一个集成化的工厂设计系统，以 Windows NT 为操作系统，Microstation 为图形平台，SQL Server 关系数据库，Richwin 汉字系统，不仅具有多专业设计模块，强大的数据库，还有 SmartPlant P&ID（工艺管道及仪表流程图），应力计算、MARIAN（材料标准化管理）、结构分析、SmartPlant Review（模型漫游）等许多功能软件接口。它适用于以管道为传输媒体的工程设计。

PDS 包括设备模型设计、管道模型设计、结构等专业模型设计、抽取图纸、截取平立面图及材料报告等功能，设计精确，智能化和自动化程度高，可进行设计碰撞检查及专业间的干扰检查，减少设计失误。SmartPlant Review（模型漫游）是 PDS 旗下的非常经典和著名的软件，该软件使用方便，三维漫游和检查功能非常强大。

2. SmartPlant 3D

SmartPlant 3D 是近二十年来出现的最先进的工厂设计软件系统，这套由 Intergraph 工厂设计和信息管理软件公司推出的新一代、面向数据、规则驱动的软件主要是为了简化工程设计过程，同时更加有效地使用并重复使用现有数据。作为 Intergraph SmartPlant 软件家族的一员，SmartPlant 3D 主要提供两方面的功能：首先，它是一个完整的工厂设计软件系统；其次，它可以在整个工厂的生命周期中，对工厂进行维护。作为一个前瞻的软件，SmartPlant 将永远地改变工厂的工程化过程及设计过程。它打破了传统的设计技术带给工厂设计过程的局限。它的目标不仅局限于如何帮助用户完成工厂设计，它还能帮助用户优化设计，增加生产力，同时缩短项目周期。

3. CADWorx

CADWorx 是美国 Intergraph 公司研发的基于 AutoCAD 平台的完全兼容 AutoCAD 命令的 3D 工厂设计软件。CADWorx 采用全新的建模模式，是继 SmartPlant 3D、PDS 后又一款具有超前革新意识的力作。可以使用自动选择布管工具，画一条简单的二维或三维多义线，然后用内设的自动布管功能增加管子或弯头，可以在任意角度、任一方向布管。可以用对焊、承插焊或螺纹、法兰管道，迅速而方便地建立管道模型。能够自动生成立面图和剖视图自动生成轴测图（ISOGEN）自动生成应力分析轴测图。

4. PDMS

PDMS（Plant Design Management System），由英国 AVEVA 公司开发，为三维工厂设计系统。它基本涵盖了工厂设计中的各个专业，包括配管、设备、结构、暖通、电气、仪表、给排水等，使得各专业在同一软件系统中，实现协同设计，实时进行碰撞检查。PDMS 是以配管为主体专业的多专业协同工厂设计系统，在设计过程中，不仅配管专业进行三维管道设计，其他专业包括设备、结构、土建、暖通、仪表、电气、给排水专业等也可以在 PDMS 设计环境中建立三维外形实体模型，从而实现管道与管道之间、管道与钢结构之间、楼板开孔与设备之间、给排水管道与基础之间、仪表桥架与管道之间等的协同设计，解决如管道系统之间、各专业之间的碰撞、土建基础条件的校验、分区管道的连接等设计问题，从而提高设计品质，尽可能降低在现场出现设计问题的可能。目前国内大型工程公司一般都有使用 PDMS。但其缺点是因数据结构简单而使其数据安全性相对较差。

5. PDSOFT

PDSOFT（Plant Design Software）名称为计算机辅助工厂协同设计系统软件，由北京中科辅龙计算机技术股份有限公司自主研发、自行设计，具有完全自主知识产权。该软件可以使工艺管道、建筑、暖通、设备、仪表、电缆桥架等多专业协同工作，并且包括了一系列适用于国内外大型施工单位的应用软件。

PDSOFT 3DPiping（三维管道设计与管理系统）是 PDSOFT 三维工厂管道设计的核心软件，其最新版本 PDSOFT 3DPiping V2.85 可运行于 Windows2000、Windows XP、Windows Vista 以及 Windows 7 等主流操作系统，以 AutoCAD 2004～2009 为图形平台。应用领域涉及石油、石油化工、化工、油田、燃气热力、医药、核工业、纺织、轻工、钢铁、油脂工程等众多行业。

（二）AutoCAD 绘制管道布置图的主要过程

虽然三维软件功能越来越强大，但由于 AutoCAD 技术的普及，大量的文献和标准资料都是建立在二维图形基础上的，作为初学者，更应该学好二维制图和识图技术，为更高设计阶段的学习打好基础。当然，越来越强大的 AutoCAD 软件完全可以实现三维制图。

① 绘制前的准备工作。

绘图前，应该已经确定了视图的组成（平面图和剖视图数量）和图幅，确定了建筑物的轮廓和设备管口方位，设备的相对大小，以及全部管道、管件、阀门、仪表控制点的布置安装情况。

② 启动 AutoCAD，设置图层、比例及图框。

图层设置：除了 0 层外，应该对设置的图层进行清晰易辨的命名，以备审核修改。线宽设置时，阀门、仪表、管件、设备的主结构线尽量设置为 0.3mm 左右，宽于其他细实线，以使表达清晰；管道线的线宽设置为 0.6mm 左右，其余均为 0.13mm 或 0.15mm，图层数量不应过少。

按国家标准的要求选择好比例，绘制图框（大小要和图幅尺寸对应，如 A3 的尺寸为 420.00mm×297.00mm）。

③ 画中心线。

切换到中心线图层，在适当位置首先绘制厂房定位轴线，然后绘制设备的定位中心线。

④ 画主体结构。

首先绘制厂房的主体、门窗等轮廓，然后绘制设备的轮廓，最后将管口表达在设备的正确位置（依据管口方位图）。

⑤ 绘制设备接管上的阀门及控制仪表。

⑥ 绘制管道。

在管道线图层中用"line"命令进行绘制，拐弯的管道需依据实际管件外轮廓绘制（一定曲率的弧线），但不必表示连接方式。在拐弯处要多使用"圆角"命令进行绘制。

管道上的箭头的画法：一般可用"pline"命令绘制完成。过程如下：

命令：_pline

指定起点：

当前线宽为 0.3000

指定下一个点或[圆弧(A)/半宽(H)/长度(L)/放弃(U)/宽度(W)]：W

指定起点宽度<0.3000>：0

指定端点宽度<0.0000>：0.3

指定下一个点或[圆弧(A)/半宽(H)/长度(L)/放弃(U)/宽度(W)]：L

指定直线的长度：2

指定下一点或[圆弧(A)/闭合(C)/半宽(H)/长度(L)/放弃(U)/宽度(W)]：

在以上命令行不输入任何命令，按"ESC"键退出，完成箭头的绘制。

通过这些方法，绘制好主要设备的管道平面图。

⑦ 标注。

画指引线标注位号、标高等，利用尺寸标注工具标注各处尺寸，填写文字说明。

⑧ 绘制并填写管口表和标题栏。

⑨ 审核图纸、输出。

六、管道布置图的阅读

① 读懂图面布置情况，如图纸的关联性、分区情况、绘制比例、建筑物空间大小等。如图 7-16 所示，该图是三张管道布置图之一，分区对应的定位轴线是东西向 1、2、3 和南北向 A、B，绘图比例为 1：50，建筑物的平面尺寸是：东西向长度为 9m，南北向长度为 6m。

② 理清设备间管道的排布方式和走向，认清管道的尺寸、连接方式，与阀门、管件、各种检测元件的连接方式和种类。

③ 认识图中的各种标注的含义。例如，图 7-16 中 50W-1005 是对管架的编号。平面图的基准高度是 0.000，设备 P101a 的安装高度是 0.25m。

第四节　管道轴测图

管道轴测图是用来表达一个设备至另一设备、或某区间一段管道的空间走向，以及管道上所附管件、阀门、仪表控制点等安装布置情况的立体图样。如图 7-18 所示。

一、图面表达

① 管道轴测图按正等轴测投影绘制。管道的走向按方向标（见图 7-19）的规定，这个方向标的北（N）向与管道布置图的方向标的北向应是一致的。

② 图中文字，除规定的缩写词用英文字母外，其他用中文。

③ 管道轴测图一般用计算机绘制，图侧附有材料表。对所选用的标准件的材料，应符合管道等级和材料的规定。

④ 小于和等于 $DN50$ 的中、低压碳钢管道，小于和等于 $DN20$ 的中、低压不锈钢管道，小于和等于 $DN6$ 的高压管道，一般可不绘制轴测图。但同一管道有两种管径的，如控制阀组、排液管、放空管等例外，可随大管绘出相连接的小管。

对上述允许不绘轴测图的管道，如因管道布置图中对螺纹或承插焊管件或其他管件的位置表示不清楚需要用轴测图表示时，则这部分小管也应绘轴测图。另外对上述允许不绘轴测图的管道，如带有扩大的孔板直管段，则应绘管道轴测图。

对于不绘轴测图的管道，则应编写管段材料表。

管段号	起止点		管道等级	设计压力/MPa	设计温度/℃	管子			法兰						垫片(PN、DN同法兰)			螺柱、螺母		
	起点	终点				名称及规格	材料	数量	PN	DN	密封形式	材料	数量	标准号或图号	代号	厚度	密封代号	数量	连接套数	特殊长度
2170						Φ100	10	8	0.6	100	RF板式	Q235-A	4	HGJ/T45	1Ad	3	MF	4	16	

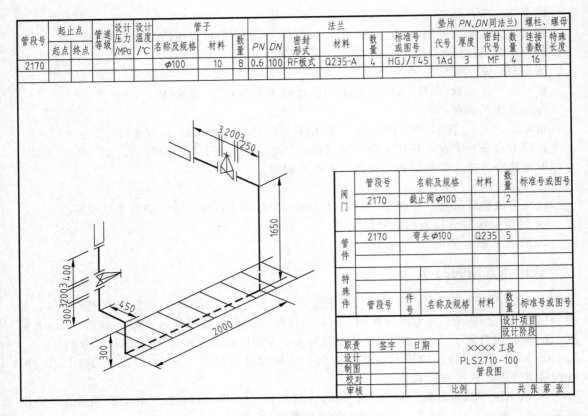

图 7-18　管道轴测图示例

⑤ 管道轴测图不必按比例绘制，但各种阀门、管件之间比例要协调，它们在节段中的位置的相对比例也要协调，如图 7-20 中的阀门，应清楚地表示它是紧接弯头而离三通较远。管道的环焊缝以圆表示。水平走向的管段中的法兰画垂直短线表示；直走向的管段中的法兰，一般是画与邻近的水平走向的管段相平行的短线表示。

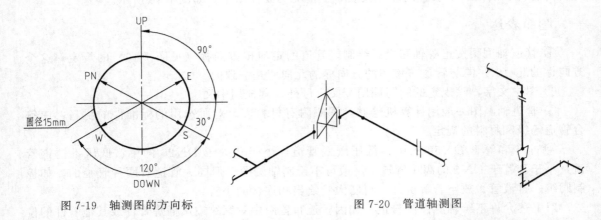

图 7-19　轴测图的方向标　　　　　　　图 7-20　管道轴测图

⑥ 螺纹连接与承插焊连接均用一短线表示，在水平管段上此短线为铅垂线，在铅垂管段上，此短线与邻近的水平走向管段相平行，见图 7-21。阀门的手轮用一短线表示，短线与管道平行。阀杆中心线按所设计的方向画出。

⑦ 管道一律用单线表示。在管道的适当位置上画流向箭头。管道号和管径注在管道的上方。水平向管道的标高"EL"注在管道的下方，见图7-21，不需注管道号和管径仅需注标高时，标高可注在管道的上方或下方。

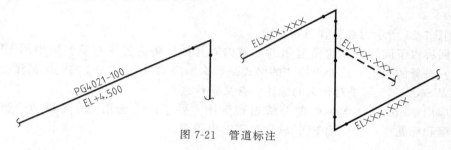

图 7-21 管道标注

二、尺寸标注

① 除了标高以米为单位外，其他尺寸均以毫米（mm）为单位，只注数字。标注水平管道的有关尺寸的尺寸线应与管道相平行，尺寸界线为垂直线，水平管道要标注的尺寸有：从所定基准点到等径支管、管道改变走向处、图形的接续分界线的尺寸，如图7-22中的尺寸A、B、C，基准点尽可能与管道布置图上的一致，以便于校对。

另外，要标注的尺寸还有：从最邻近的主要基准点到各个独立的管道元件如孔板法、异径管、拆卸用的法兰、仪表接口、不等径支管的尺寸，如图7-22中的尺寸D、E、F，这些尺寸不应注封闭尺寸。

② 对管廊上的管道，要标注的尺寸有：从主项的边界线、图形的接续分界线、管道改变走向处、管帽或其他形式的管端点到管道各端的管廊支柱轴线和到用以确定支管线或管道元件位置的管廊其他支柱轴线的尺寸，如图7-22中的尺寸$A \sim F$，要标注的尺寸还有：从最近的管廊支柱轴线到支管或各个独立的管道元件的尺寸，如图7-22中的尺寸G、H、K，这些尺寸不应注封闭尺寸。

与标注上述尺寸无关的管廊支柱轴线及其编号，图中不必表示。

③ 管道上带法兰的阀门和管道元件也需要标注重要定位尺寸。关于详细的轴测图绘制规定，请读者查询 HG/T 20519.4—2009。

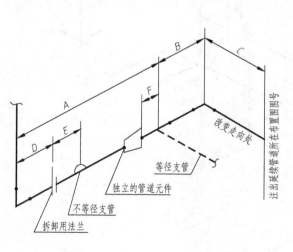
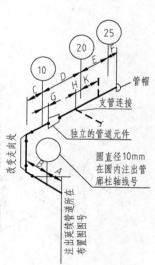

图 7-22 轴测图的尺寸标注

习 题 七

1. 如图 7-23 所示为部分管道布置图。

(1) 回答以下问题：布置图显示的区域内对几种设备进行了布管？图中用 EL100.000 表示什么？按新的规定，此处可标注的格式是什么？卧式设备 E0812 的安装高度是多少米？GS-02、CWS0805-75 等是对什么的标注？含义是什么？

(2) 应用 AutoCAD 学画此部分管道布置图。要求：①选用 A4 图幅和恰当的比例；②要有图框和标题栏；③使用 PDF 软件打印输出图形。

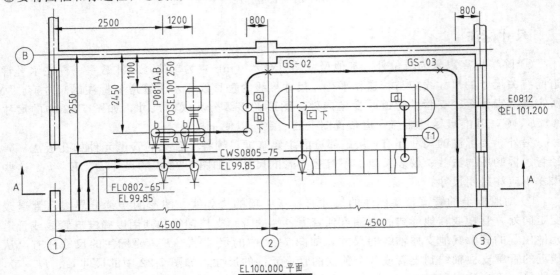

图 7-23　习题 1 附图

2. 依据图 7-24 的轴测视图绘制管道的 A、B、C 三个方向的投影视图。

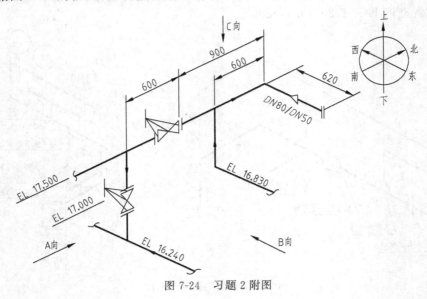

图 7-24　习题 2 附图

附　　录

附表 1　化工设备标准零部件查询表

类型	分类	标准	标准名称
筒体		JIS B 8271—1993	压力容器的筒体及封头
		HG 21607—1996	异形筒体和封头
封头		HG/T 3153—1985	立式椭圆形封头（支腿，裙座）贮罐系列
		HG/T 3154—1985	卧式椭圆形封头贮罐系列
		HG/T 3150—1985	90°折边锥形底椭圆形封头（悬挂式支座）贮罐系列
		JB/T 4739—1995	60°折边锥形封头
		HG 21607—1996	异形筒体和封头
		JB/T 4746—2002	钢制压力容器用封头
		GB/T 25198—2010	压力容器封头
法兰	管法兰	GB/T 9126—2008	管法兰用非金属平垫片　尺寸
		HG/T 20592～20635—2009	钢制管法兰、垫片和紧固件
		GB/T 9112—2010	钢制管法兰　类型与参数
		GB/T 9113—2010	整体钢制管法兰
		GB/T 9114—2010	带颈螺纹钢制管法兰
		GB/T 9115—2010	对焊钢制管法兰
		GB/T 9116—2010	带颈平焊钢制管法兰
		GB/T 9117—2010	带颈承插焊钢制管法兰
		GB/T 9118—2010	对焊环带颈松套钢制管法兰
		GB/T 9119—2010	板式平焊钢制管法兰
		GB/T 9120—2010	对焊环板式松套钢制管法兰
		GB/T 9121—2010	平焊环板式松套钢制管法兰
		GB/T 9122—2010	翻边环板式松套钢制管法兰
		GB/T 9123—2010	钢制管法兰盖
		GB/T 9124—2010	钢制管法兰技术条件
		GB/T 9125—2010	管法兰连接用紧固件
		NB/T 47023—2012	长颈对焊法兰
		ASME B 16.5—2013	管法兰和法兰管件
	容器法半	JB 4700～4707—2000	压力容器法兰　垫片
		HG/T 2049—2005	搪玻璃设备　高颈法兰
人孔、手孔		HG/T 21514～21535—2014	人孔和手孔
		HG/T 21594～HG/T 21604—2014	衬不锈钢人孔和手孔
补强圈		HG 21506—1992	补强圈
		JB/T 4736—2002	补强圈
支座		JG 118—2000	建筑隔震橡胶支座
		JB/T 4712.1—2007	容器支座　第 1 部分：鞍式支座
		JB/T 4712.2—2007	容器支座　第 2 部分：腿式支座
		JB/T 4712.3—2007	容器支座　第 3 部分：耳式支座
		JB/T 4712.4—2007	容器支座　第 4 部分：支承式支座
		JT/T 851—2013	合成材料调高盆式支座

附表 2　压力容器公称直径

单位：mm

公称直径（内径为基准）									
300	350	400	450	500	550	600	650	700	750
800	850	900	950	1000	1100	1200	1300	1400	1500
1600	1700	1800	1900	2000	2100	2200	2300	2400	2500
2600	2700	2800	2900	3000	3100	3200	3300	3400	3500
3600	3700	3800	3900	4000	4100	4200	4300	4400	4500
4600	4700	4800	4900	5000	5100	5200	5300	5400	5500
5600	5700	5800	5900	6000	6100	6200	6300	6400	6500
6600	6700	6800	6900	7000	7100	7200	7300	7400	7500
7600	7700	7800	7900	8000	8100	8200	8300	8400	8500
8600	8700	8800	8900	9000	9100	9200	9300	9400	9500
9600	9700	9800	9900	10000	10100	10200	10300	10400	10500
10600	10700	10800	10900	11000	11100	11200	11300	11400	11500
11600	11700	11800	11900	12000	12100	12200	12300	12400	12500
12600	12700	12800	12900	13000	13100	13200			

外径为基准时与公称直径的对应关系									
公称直径	150	200	250	300	350	400			
外径	168	219	273	325	356	406			

附表 3　常用公差配合查询表（省略了小数点前面的 "0"）

单位：mm

配合性质　　国标 基本尺寸		基孔基轴制公差								间隙配合					
		$\dfrac{H5}{h5}$	$\dfrac{H6}{h6}$	$\dfrac{H7}{h7}$	$\dfrac{H8}{h8}$	$\dfrac{H9}{h9}$	$\dfrac{H10}{h10}$	$\dfrac{H11}{h11}$	$\dfrac{H12}{h12}$	f7	f8	f9	g5	g6	g7
0	3	.004	.006	.010	.014	.025	.040	.060	.100	−.006 −.016	−.006 −.020	−.006 −.031	−.002 −.006	−.002 −.008	−.002 −.012
3	6	.005	.008	.012	.018	.030	.048	.075	.120	−.010 −.022	−.010 −.028	−.010 −.040	−.004 −.009	−.004 −.012	−.004 −.016
6	10	.006	.009	.015	.022	.036	.058	.090	.150	−.013 −.028	−.013 −.035	−.013 −.049	−.005 −.011	−.005 −.014	−.005 −.020
10	18	.008	.011	.018	.027	.043	.070	.110	.180	−.016 −.034	−.016 −.043	−.016 −.059	−.006 −.014	−.006 −.017	−.006 −.024
18	30	.009	.013	.021	.033	.052	.084	.130	.210	−.020 −.041	−.020 −.053	−.020 −.072	−.007 −.016	−.007 −.020	−.007 −.028
30	50	.011	.016	.025	.039	.062	.100	.160	.250	−.025 −.050	−.025 −.064	−.025 −.087	−.009 −.020	−.009 −.025	−.009 −.034
50	80	.013	.019	.030	.046	.074	.120	.190	.300	−.030 −.060	−.030 −.076	−.030 −.104	−.010 −.023	−.010 −.029	−.010 −.040
80	120	.015	.022	.035	.054	.087	.140	.220	.350	−.036 −.071	−.036 −.090	−.036 −.123	−.012 −.027	−.012 −.034	−.012 −.047
120	180	.018	.025	.040	.063	.100	.160	.250	.400	−.045 −.083	−.043 −.106	−.043 −.143	−.014 −.032	−.014 −.039	−.014 −.054
180	250	.020	.029	.046	.072	.115	.185	.290	.460	−.050 −.096	−.050 −.122	−.050 −.165	−.015 −.035	−.015 −.044	−.015 −.061
250	315	.023	.032	.052	.081	.130	.210	.320	.520	−.056 −.108	−.056 −.137	−.056 −.186	−.017 −.040	−.017 −.049	−.017 −.069
315	400	.025	.036	.057	.089	.140	.230	.360	.570	−.062 −.119	−.062 −.151	−.062 −.202	−.018 −.042	−.018 −.054	−.018 −.070
400	500	.027	.040	.063	.097	.155	.250	.400	.630	−.068 −.131	−.068 −.165	−.068 −.223	−.020 −.047	−.020 −.060	−.020 −.083

配合性质　　国标 基本尺寸		过渡配合											过盈配合		
		$\dfrac{+n5}{+n5}$	$\dfrac{+m5}{+m5}$	$\dfrac{+k5}{+k5}$	±js5	$\dfrac{+n6}{+n6}$	$\dfrac{+m6}{+m6}$	$\dfrac{+k6}{+k6}$	±js6	$\dfrac{+n7}{+n7}$	$\dfrac{+m7}{+m7}$	$\dfrac{+k7}{+k7}$	±js7	$\dfrac{+r5}{+r5}$	$\dfrac{+r6}{+r6}$
0	3	.008 .004	.006 .002	.004 .000	.0020	.010 .004	.008 .002	.006 .000	.0030	.014 .004	.012 .002	.010 .000	.0050	.014 .010	.016 .010
3	6	.013 .008	.009 .004	.006 .001	.0025	.016 .008	.012 .004	.009 .001	.0040	.020 .008	.016 .004	.013 .001	.0060	.020 .015	.023 .015
6	10	.016 .010	.012 .006	.007 .001	.0030	.019 .010	.015 .006	.010 .001	.0045	.025 .010	.021 .006	.016 .001	.0070	.025 .019	.028 .019
10	18	.020 .012	.015 .007	.009 .001	.0040	.023 .012	.018 .007	.012 .001	.0055	.030 .012	.025 .007	.019 .001	.0090	.031 .023	.034 .023
18	30	.024 .015	.017 .008	.011 .002	.0045	.028 .015	.021 .008	.015 .002	.0065	.036 .015	.029 .008	.023 .002	.0100	.037 .028	.041 .028

配合性质 国标 基本尺寸		过渡配合											过盈配合		
		+n5 +n5	+m5 +m5	+k5 +k5	±js5	+n6 +n6	+m6 +m6	+k6 +k6	±js6	+n7 +n7	+m7 +m7	+k7 +k7	±js7	+r5 +r5	+r6 +r6
30	50	.028 .017	.020 .009	.013 .002	.0055	.033 .017	.025 .009	.018 .002	.0080	.042 .017	.034 .009	.027 .002	.0120	.045 .034	.050 .034
50	65	.033 .020	0.24 .011	.015 .002	.0065	.039 .020	.030 .011	.021 .002	.0095	.050 .020	.041 .011	.032 .002	.0150	.054 .041	.060 .041
65	80	.033 .020	0.24 .011	.015 .002	.0065	.039 .020	.030 .011	.021 .002	.0095	.050 .020	.041 .011	.032 .002	.0150	.056 .043	.062 .043
80	100	.038 .023	.028 .013	0.18 .003	.0075	.045 .023	.035 .013	.025 .003	.0110	.058 .023	.048 .013	.038 .003	.0170	.066 .051	.073 .051
100	120	.038 .023	.028 .013	.018 .003	.0075	.045 .023	.035 .013	.025 .003	.0110	.058 .023	.048 .013	.038 .003	.0170	.069 .054	.076 .054
120	140	.045 .027	.033 .015	.021 .003	.0090	.052 .027	.040 .015	.028 .003	.0125	.067 .027	.055 .015	.043 .003	.0200	.081 .063	.082 .063

附表4　常见管道、管件、阀门及其他附件图例（HG/T 20519.2—2009）

名称	图例	名称	图例
主物料管道（粗实线 0.9～1.2mm）		次要物料管道，辅助物料管道（中粗线 0.5～0.7mm）	
引线、设备、管件、阀门、仪表图形符号和仪表管线等（细实线 0.15～0.3mm）		原有管道（原有设备轮廓线）	
地下管线（埋地或地下管沟）		蒸汽伴热管道	
电伴热管道		夹套管	
管道绝热层		翅片管	
柔性管		管道相连	
管道交叉（不相连）		地面（仅用于绘制地下、半地下设备）	
管道等级管道编号分布（××××表示管道编号或管道等级代号）	××××	责任范围分界线（WE 随设备成套供应；B.B 买方负责；B.V 制造厂负责；B.S 卖方负责；B.I 仪表专业负责）	××
绝热层分界线（绝热层分界线的标示字母"×"与绝热层功能类型代号相同）	×	伴管分界线（伴管分界线的标示字母"×"与伴管功能型类型代号相同）	×
流向箭头		坡度	i=
进、出装置或主项的管道或仪表信号线的图纸接续标志，相应图纸标号填在空心箭头内	40　3　6　出	同一装置或主项内的管道或仪表信号线的图纸接续标志，相应图纸标号填在空心箭头内	进　3　10　6　出

名称	图例	名称	图例
取样、特殊管（阀）件的编号框（圆直径 0mm）	A（取样） SV（特殊阀门） SP（特殊管件）	闸阀	
截止阀		节流阀	
球阀		旋塞阀	
隔膜阀		角式截止阀	
角式节流阀		角式球阀	
三通截止阀		三通球阀	
三通旋塞阀		四通截止阀	
四通球阀		四通旋塞阀	
止回阀		柱塞阀	
蝶阀		减压阀	
角式弹簧安全阀（阀出口管为水平方向）		角式重锤安全阀（阀出口管为水平方向）	
直流截止阀		疏水阀	
插板阀		底阀	
针形阀		呼吸阀	
带阻火器呼吸阀		阻火器	
视镜、视钟		消声器（在管道中）	

名称	图例	名称	图例
消声器		爆破片	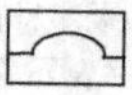
限流孔板 (圆直径 10mm)	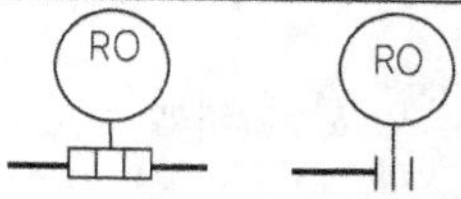 RO RO (多板) (单板)	喷射器	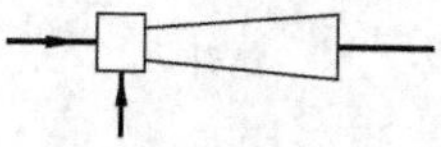
文氏管	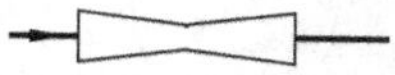	Y 形过滤器	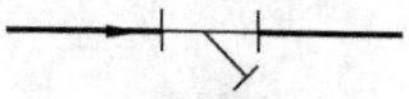
锥形过滤器 (方框 5cm×5cm)	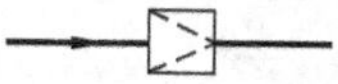	T 形过滤器 (方框 5mm×5mm)	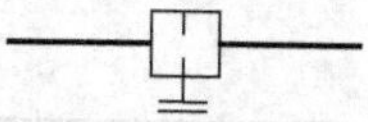
罐式(篮式)过滤器 (方框 5mm×5mm)	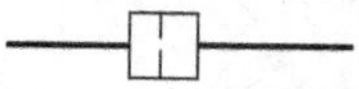	管道混合器	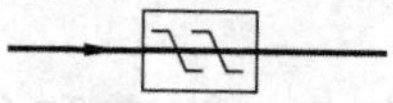
膨胀节	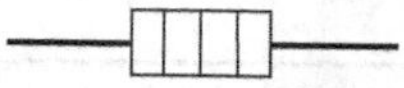	喷淋管	
焊接连接(仅用于表示设备 管口与管道为焊接连接)		螺纹管帽	
法兰连接	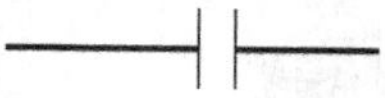	软管接头	
管端盲板		管端法兰(盖)	
管帽		阀端法兰(盖)	
阀端丝堵		未经批准,不得关闭 (加锁或铅堵)	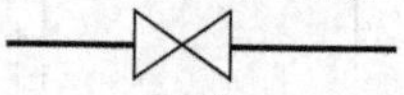 C.S.O
未经批准,不得开启 (加锁或铅堵)	 C.S.C	管段丝堵	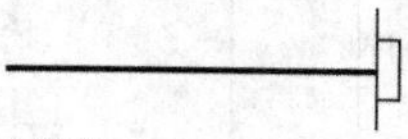
同心异径管	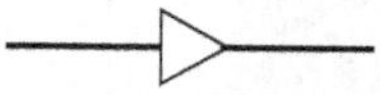	偏心异径管	 底平 顶平
圆形盲板	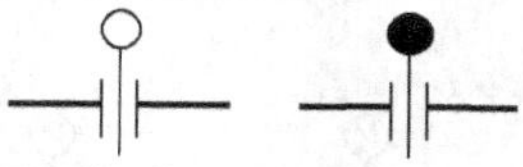 (正常开启) (正常关闭)	8 字盲板	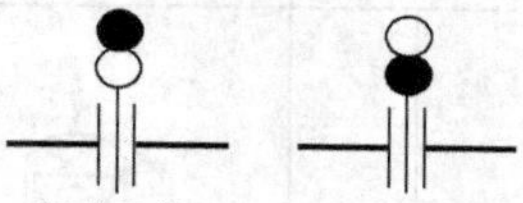 (正常开启) (正常关闭)
放空管(帽)	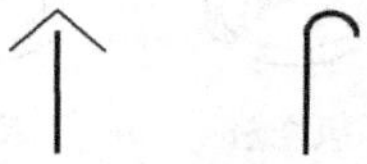 帽 管	漏斗	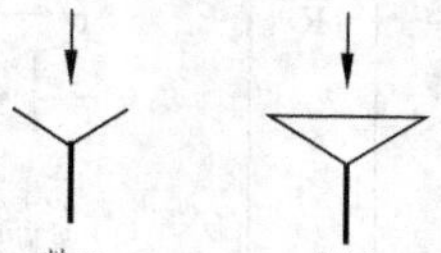 敞口 封闭

名称	图例	名称	图例
修改标记符号 （三角内的"1"表示第一次修改）	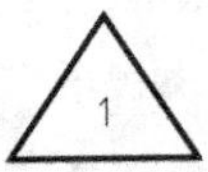	修改范围符号 （云线用细实线表示）	
鹤管		安全淋浴器	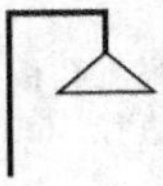
洗眼器	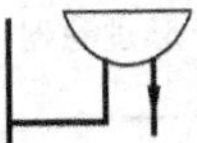	安全喷淋洗眼器	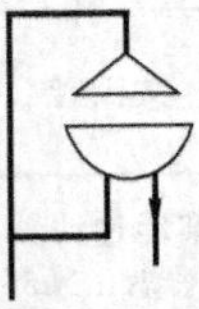

注：阀门尺寸一般长 4mm，宽 2mm，或者长 6mm，宽 3mm。

附表 5 管道和仪表流程图中化工设备与机器图例（HG/T 20519.2—2009）

类别	代号	图例
塔	T	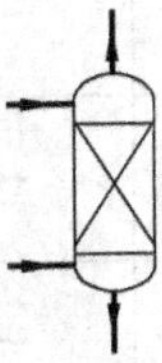 填料塔 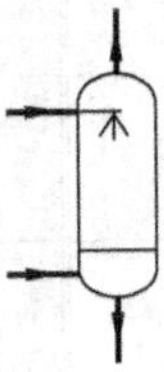　喷洒塔 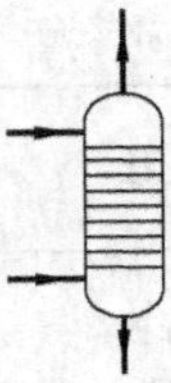　板式塔
塔内件		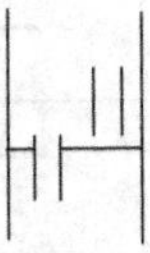 降液管 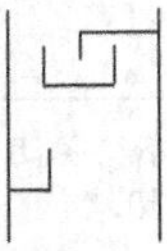　受液盘 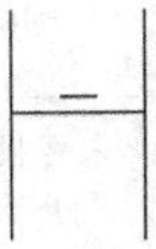　浮阀塔塔板 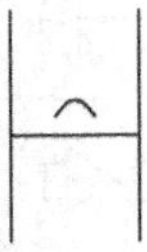　泡罩塔塔板 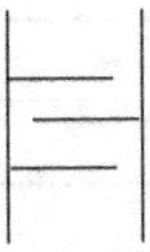　格栅板 　升气管 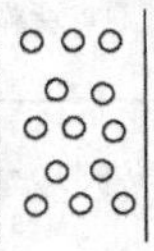　湍球塔 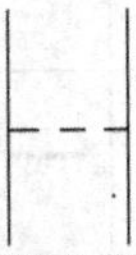 筛板塔塔板 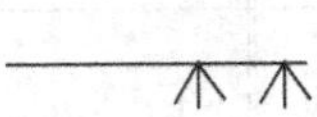　分配（分布）器、喷淋器 　填料除沫器 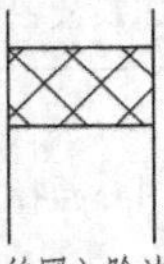　（丝网）除沫层
反应器	R	 固定床反应器 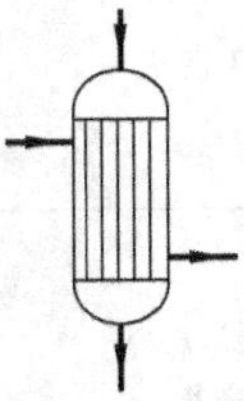　列管式反应器 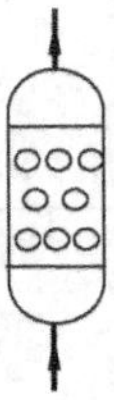　流化床反应器 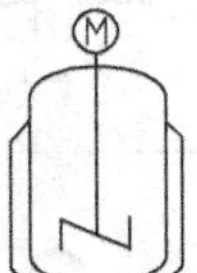　反应釜（闭式、带搅拌、夹套） 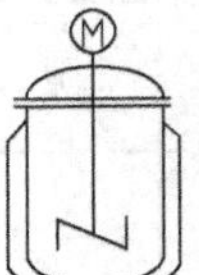　反应釜（开式、带搅拌、夹套） 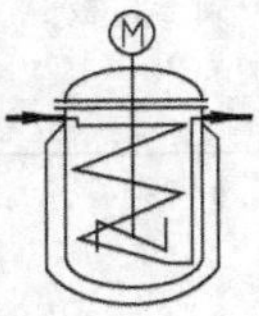　反应釜（开式、带搅拌、夹套、内盘管）

类别	代号	图 例

工业炉等 F S

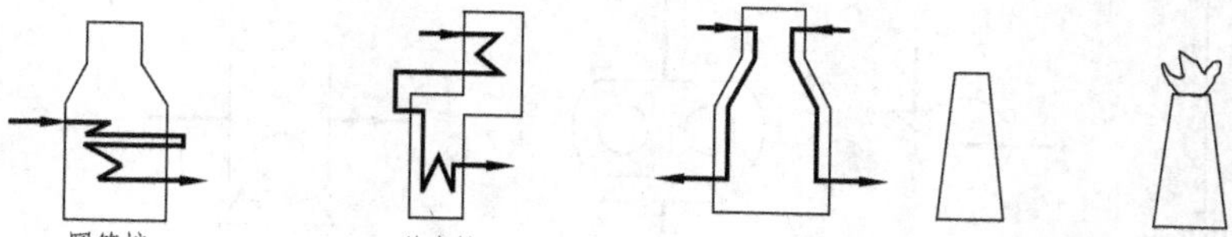

圆筒炉　　箱式炉　　圆筒炉　　烟囱　　火炬

F(炉)，S(烟囱\火炬)

换热器 E

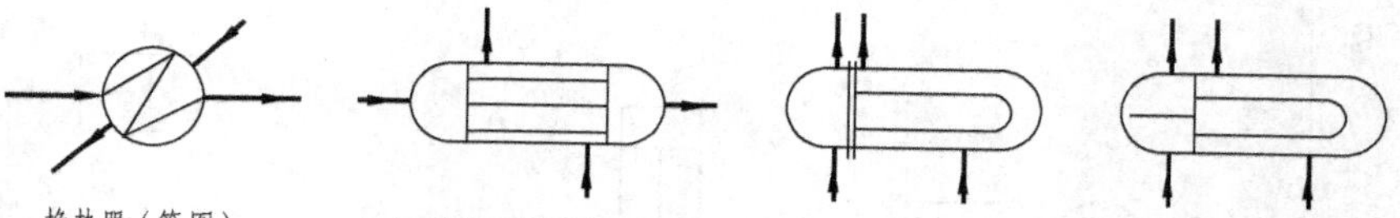

换热器（简图）　　固定管板式列管换热器　　U形管式换热器　　浮头式换热器

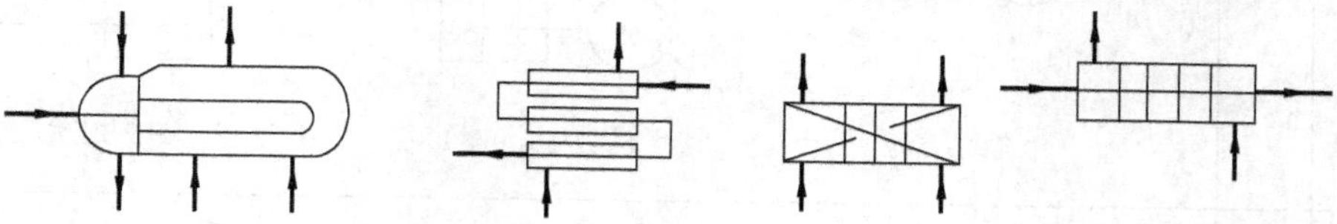

釜式换热器　　套管式换热器　　板式换热器　　翅片管换热器

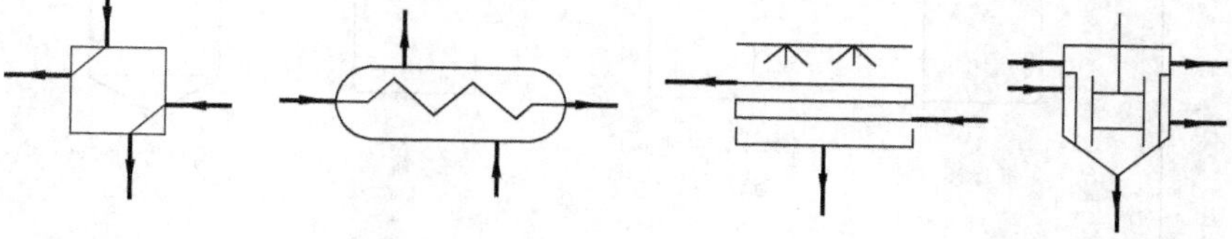

螺旋板式换热器　　蛇管式（盘管式）　　喷淋式冷却器　　刮板式薄膜蒸发器

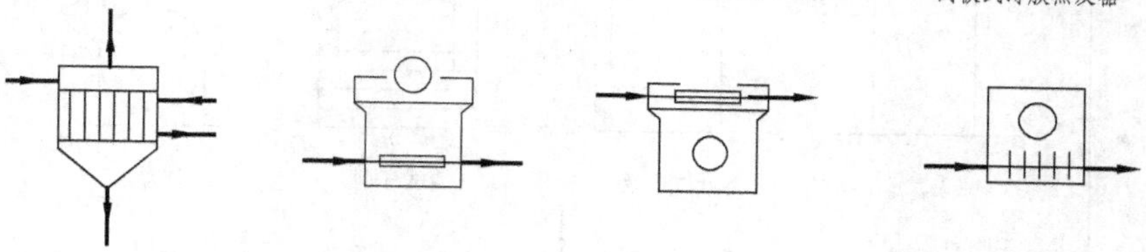

列管式（薄膜）蒸发器　　抽风式空冷器　　送风式空冷器　　带风扇的翅片管式换热器

泵 P

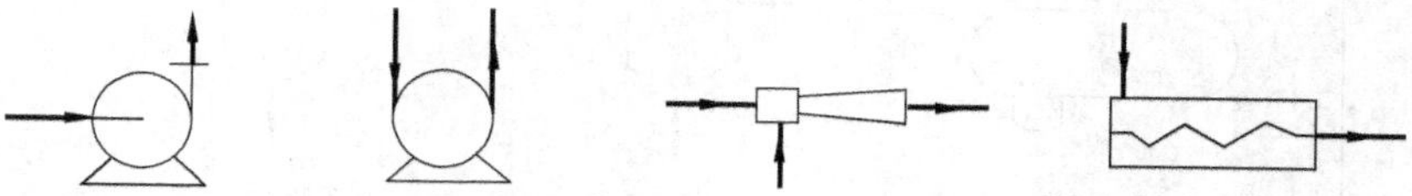

离心泵　　水环式真空泵　　喷射泵　　螺杆泵

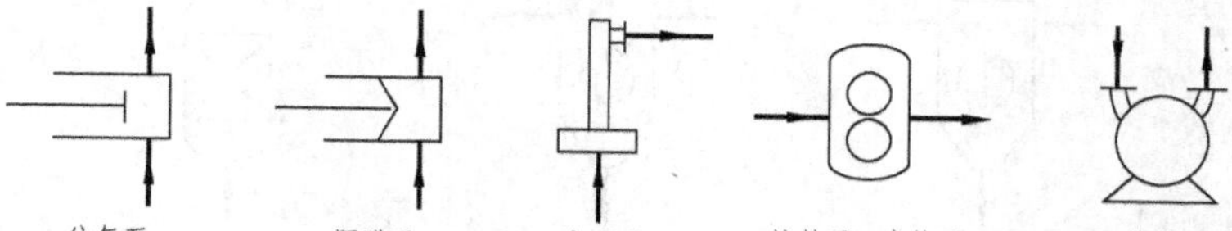

往复泵　　隔膜泵　　液下泵　　旋转泵、齿轮泵　　旋涡泵

类别	代号	图　例

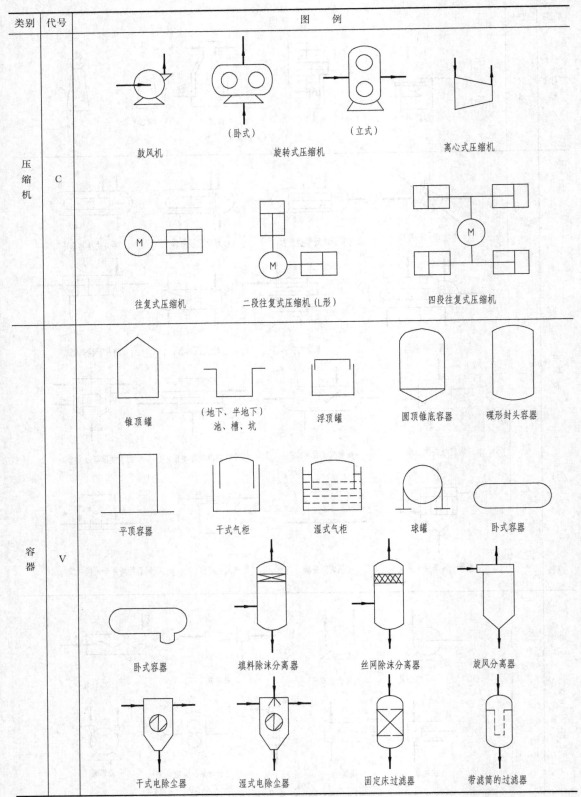

压缩机　C

鼓风机　　　旋转式压缩机（卧式）（立式）　　　离心式压缩机

往复式压缩机　　　二段往复式压缩机（L形）　　　四段往复式压缩机

容器　V

锥顶罐　　　（地下、半地下）池、槽、坑　　　浮顶罐　　　圆顶锥底容器　　　碟形封头容器

平顶容器　　　干式气柜　　　湿式气柜　　　球罐　　　卧式容器

卧式容器　　　填料除沫分离器　　　丝网除沫分离器　　　旋风分离器

干式电除尘器　　　湿式电除尘器　　　固定床过滤器　　　带滤筒的过滤器

类别	代号	图　例
设备内部附件		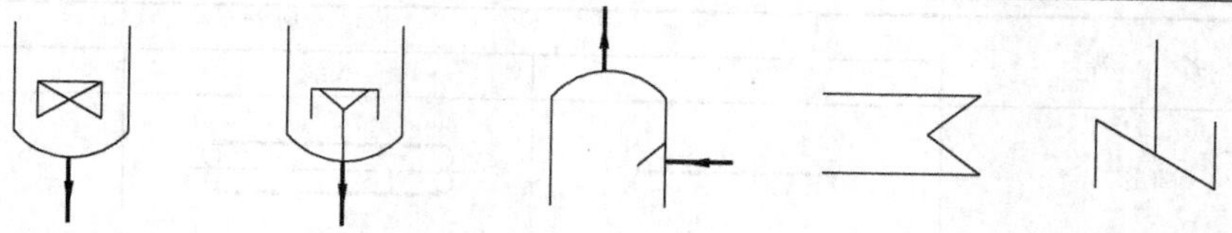 防涡流器　　插入管式防涡流器　　防冲板　　加热或冷却部件　　搅拌器
起重运输机械	L	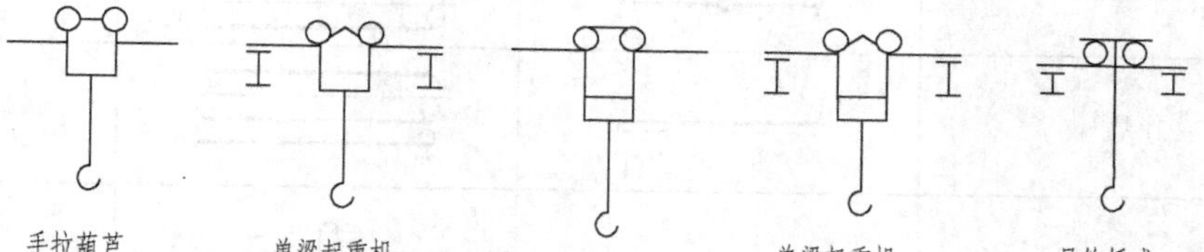 手拉葫芦（带小车）　单梁起重机（手动）　电动葫芦　单梁起重机（电动）　吊钩桥式起重机 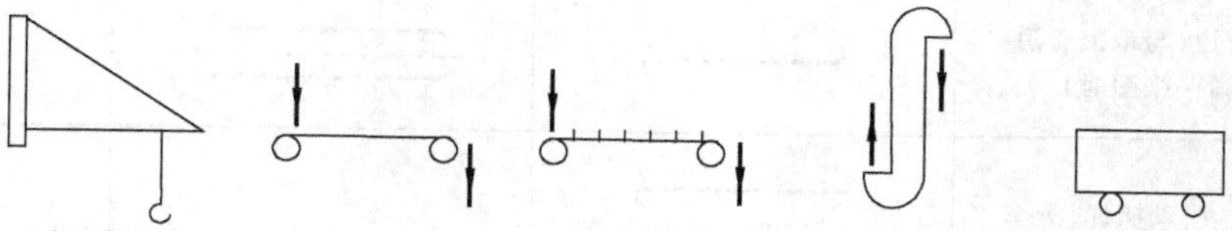 旋转（悬臂）式起重机　带式输送机　刮板输送机　斗式提升机　手推车
称量机械	W	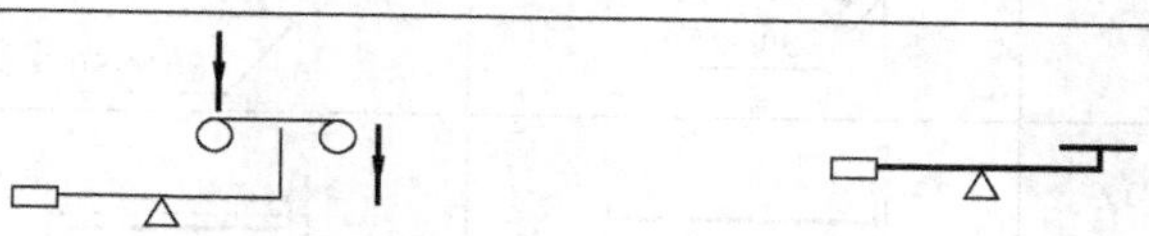 带式定量给料秤　　　　　地上衡
其他机械	M	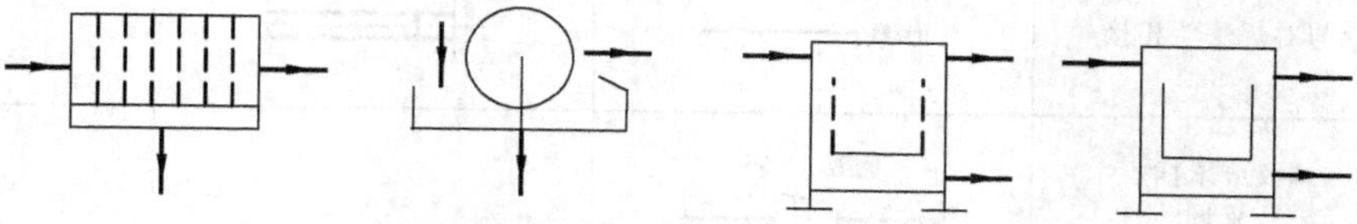 压滤机　转鼓式（转盘式）过滤机　有孔壳体离心机　无孔壳体离心机 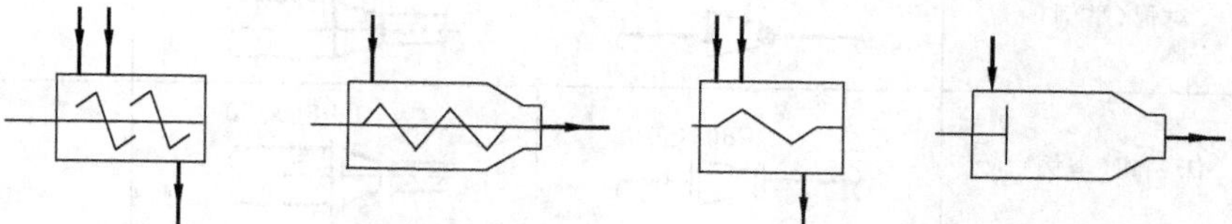 混合机　螺杆压滤机　揉合机　挤压机
动力机	M E S D	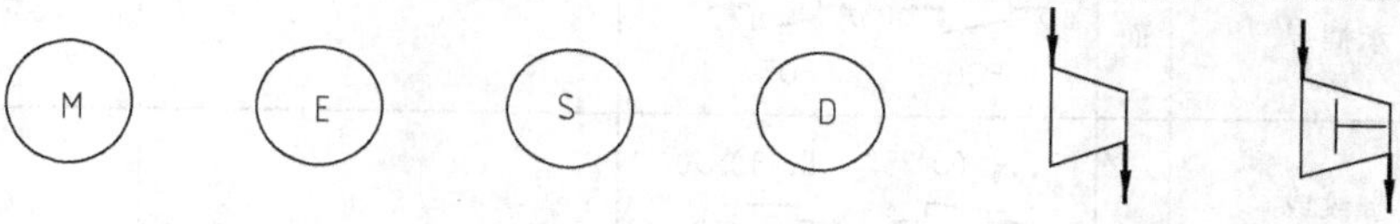 电动机　内燃机、燃气机　汽轮机　其他动力机　离心式膨胀机透平机　活塞式膨胀机

附表6　管道布置图图例 （HG/T 20519.4—2009）

名　称			管道布置图		
			单线	双线	轴测图
管道					
现场焊			F.W	F.W	
伴热管					
夹套管					
地下管道（与地上管道合画一张图时）					
异径法兰	螺纹、承插焊、滑套		80×50		80×50
	对焊		80×50	80×50	80×50
法兰盖	与螺纹、承插焊或滑套法兰相接				
	与对焊法兰相接				
同心异径管	螺纹或承插焊（举例）		C.R40×25		
	对焊（举例）		C.R80×50	C.R80×50	
	法兰式（举例）		C.R80×50	C.R80×50	
偏心异径管	螺纹或承插焊	平面	E.R40×25　E.R30×20　FOB　FOT		FOB　FOT
	螺纹或承插焊	立面	E.R40×25　E.R30×20　FOB　FOT		

名 称			管道布置图		
			单线	双线	轴测图
偏心异径管	对焊	平面	E.R40×25 E.R30×20 FOB FOT	E.R40×25 FOB(FOT)	
		立面	E.R40×25 E.R30×20 FOB FOT	E.R80×50 E.R80×50 FOB FOT	FOB FOT
	法兰式	平面	E.R40×25 E.R30×20 FOB FOT	E.R80×50 FOB(FOT)	
		立面	E.R40×25 E.R30×20 FOB FOT	E.R80×50 E.R80×50 FOB FOT	FOB FOT
90°弯头	螺纹或承插焊	平面			
		立面			
	对焊连接	平面			
		立面			
	法兰连接	平面			
		立面			

名　称			管道布置图		轴测图
			单线	双线	
45°弯头	螺纹或承插焊	平面			
		立面			
	对焊连接	平面			
		立面			
	法兰连接	平面			
		立面			
U形弯头	对焊连接	平面			
		立面			
	法兰连接	平面			
		立面			
斜接弯头	对焊（举例）	平面			
		立面			

名　　称			管道布置图		
			单线	双线	轴测图
三通	螺纹或承插焊连接	平面			
		立面			
	对焊连接	平面			
		立面			
	法兰连接	平面			
		立面			
斜三通	螺纹或承插焊连接	平面			
		立面			
	对焊连接	平面			
		立面			
	法兰连接	平面			
		立面			

名　　称		管道布置图		
		单线	双线	轴测图
焊接支管	不带加强管			
	带加强管			
半管接头及支管台	螺纹及承插焊连接			
	对焊连接		仅支管台	
四通	螺纹或承插焊连接	平面		
		立面		
	对焊连接	平面		
		立面		
	法兰连接	平面		
		立面		

名　　称		管道布置图		
		单线	双线	轴测图
管帽	螺纹或承插焊连接			
	对焊连接			
	法兰连接			
堵头	螺纹连接	DN×× 　DN××		
管接头	螺纹或承插焊			
活接头	螺纹或承插焊			
软管接头	螺纹或承插焊			
	对焊连接			
快速接头	阳			
	阴			
阻火器				
排液环				

名　称	管道布置图		
	单线	双线	轴测图
临时粗滤器			
Y形粗滤器			
T形过滤器			
软管			
喷头			

注：1. C. R—同心异径管；E. R—偏心异径管；FOB—底平；FOT—顶平。

2. 其他未画视图按投影相应表示。

3. 点画线表示可变部分。

4. 轴测图图例均为举例，可按实际管道走向作相应的表示。

5. 消声器及其他未规定的特殊件可按简略外形表示。

参 考 文 献

〔1〕 季阳萍. 化工制图. 北京：化学工业出版社，2014.
〔2〕 孙安荣，朱国民. 化工制图. 北京：人民卫生出版社，2013.
〔3〕 董振珂. 化工制图. 北京：化学工业出版社，2011.
〔4〕 路大勇. 工程制图. 北京：化学工业出版社，2011.
〔5〕 林大均. 化工制图. 北京：高等教育出版社，2007.
〔6〕 GB/T 14689—2008 技术制图 图纸幅面和格式.
〔7〕 GB/T 14665—2012 机械工程 CAD 制图规则.
〔8〕 GB/T 9019—2015 压力容器公称直径.
〔9〕 GB/T 3106—2016 紧固件 螺栓、螺钉和螺柱 公称长度和螺纹长度.
〔10〕 GB/T 32537—2016 梯形和锯齿形螺纹收尾、肩距、退刀槽和倒角.
〔11〕 GB/T 24742—2009 技术产品文件 工艺流程图表用图形符号的表示法.
〔12〕 HG/T 20519—2009 化工工艺设计施工图内容和深度统一规定.
〔13〕 GB/T 1800—2009 产品几何技术规范（GPS） 极限与配合.
〔14〕 GB/T 131—2006 产品几何技术规范（GPS） 技术产品文件中表面结构的表示法.
〔15〕 GB/T 1031—2009 产品几何技术规范（GPS） 表面结构 轮廓法 表面粗糙度参数及其数值.
〔16〕 GB/T 12212—2012 技术制图 焊缝符号的尺寸、比例及简化表示法.